环境风险防控与应急管理

薛丽洋　梁 佳　著

中国环境出版集团・北京

图书在版编目（CIP）数据

环境风险防控与应急管理/薛丽洋，梁佳著. —北京：中国环境出版集团，2018.9（2023.8 重印）
ISBN 978-7-5111-3615-2

Ⅰ. ①环… Ⅱ. ①薛…②梁… Ⅲ. ①环境管理—风险管理—研究 Ⅳ. ①X820.4

中国版本图书馆 CIP 数据核字（2018）第 166758 号

出版人 武德凯
责任编辑 曹 玮
封面设计 岳 帅

出版发行 中国环境出版集团
（100062 北京市东城区广渠门内大街 16 号）
网 址：http://www.cesp.com.cn
电子邮箱：bjgl@cesp.com.cn
联系电话：010-67112765（编辑管理部）
发行热线：010-67125803，010-67113405（传真）

印 刷 玖龙（天津）印刷有限公司
经 销 各地新华书店
版 次 2018 年 9 月第 1 版
印 次 2023 年 8 月第 3 次印刷
开 本 880×1230 1/32
印 张 7
字 数 200 千字
定 价 35.00 元

否有效防范和及时妥善处置突发环境事件，是对环保部门工作水的考验，更关系到环保部门在人民群众心目中的地位和形象。习平总书记指出，“在生态环境保护问题上，就是要不能越雷池一步，则就应该受到惩罚”。在全国生态环境保护大会上，他进一步指出，用最严格制度最严密法治保护生态环境，加快制度创新，强化制度行，让制度成为刚性的约束和不可触碰的高压线”，加快建立健全以生态系统良性循环和环境风险有效防控为重点的生态安全体”。李干杰部长在题为《全力打好污染防治攻坚战》的署名文章中调：“坚持底线思维，系统构建事前严防、事中严管、事后严惩的过程、多层级风险防范体系坚决守牢环境安全底线。”这是对环境险管理提出了新的、更高的要求。

当前和今后一段时期是我国环境高风险期，有的是环境自身的题，有的是衍生出来的问题，区域性、布局性、结构性环境风险加突出，环境事故呈高发频发态势。我国化工产业结构和布局不理，布局总体呈现近水靠城的分布特征，12%的危险化学品企业离饮用水水源保护区或重要生态功能区等环境敏感区域不足km，10%的企业距离人口集中居住区不足 1 km，保障饮用水安全力巨大。近年来，我国相继发生了 2004 年四川沱江特大污染事故、05 年松花江重大跨区域水污染事件、2012 年广西龙江河镉污染事、2013 年山西长治天脊集团苯胺泄漏事件以及 2015 年福建漳州古石化（PX）项目爆炸和天津港“8·12”特别重大火灾爆炸事故等系列重特大环境污染事故。这表明，长期以来，粗放式发展的负影响开始显现，也给我们敲响了警钟，环境安全意识必须始终牢，环境安全防线不能有一丝一毫放松。

本书系统地总结和阐述了环境风险防控和突发环境事件应急等过程管理概念、内容、工作原则和技术方法，为有效引导环境应

前　言

党的十八大以来，以习近平同志为核心的党中
设摆在治国理政的突出位置，开展了一系列根本性、
性的工作，深刻回答了为什么建设生态文明、建设
明以及怎样建设生态文明的重大理论和实践问题，
态文明思想成为习近平新时代中国特色社会主义思
分，引领生态环境保护取得历史性成就、发生历史
明建设成为关系党的使命宗旨的重大政治问题，也
大社会问题。党的十九大更是对生态文明建设和生
了全面总结和重点部署，提出了一系列新理念、新
新部署。将“坚持人与自然和谐共生”作为新时代
特色社会主义的 14 条基本方略之一，把生态文明建
族永续发展的千年大计。习近平总书记在全国生态
强调，“广大人民群众热切期盼加快提高生态环境质
突出生态环境问题作为民生优先领域”。人民日益增
境需要与更多优质生态产品的供给不足之间的矛盾
主要矛盾新变化的一个重要方面，过去“盼温饱”“
“盼环保”“求生态”，人民群众对环境保护的期望和
了新的高度。

生态环境安全是国家安全的重要组成部分，是
康发展的重要保障。环境应急管理工作作为整个环保

能否有效防范和及时妥善处置突发环境事件，是对环保部门工作水平的考验，更关系到环保部门在人民群众心目中的地位和形象。习近平总书记指出，“在生态环境保护问题上，就是要不能越雷池一步，否则就应该受到惩罚”。在全国生态环境保护大会上，他进一步指出，“用最严格制度最严密法治保护生态环境，加快制度创新，强化制度执行，让制度成为刚性的约束和不可触碰的高压线”，加快建立健全“以生态系统良性循环和环境风险有效防控为重点的生态安全体系”。李干杰部长在题为《全力打好污染防治攻坚战》的署名文章中强调：“坚持底线思维，系统构建事前严防、事中严管、事后严惩的全过程、多层级风险防范体系坚决守牢环境安全底线。”这是对环境风险管理提出了新的、更高的要求。

当前和今后一段时期是我国环境高风险期，有的是环境自身的问题，有的是衍生出来的问题，区域性、布局性、结构性环境风险更加突出，环境事故呈高发频发态势。我国化工产业结构和布局不合理，布局总体呈现近水靠城的分布特征，12%的危险化学品企业距离饮用水水源保护区或重要生态功能区等环境敏感区域不足1 km，10%的企业距离人口集中居住区不足 1 km，保障饮用水安全压力巨大。近年来，我国相继发生了 2004 年四川沱江特大污染事故、2005 年松花江重大跨区域水污染事件、2012 年广西龙江河镉污染事件、2013 年山西长治天脊集团苯胺泄漏事件以及 2015 年福建漳州古雷石化（PX）项目爆炸和天津港“8・12”特别重大火灾爆炸事故等一系列重特大环境污染事故。这表明，长期以来，粗放式发展的负面影响开始显现，也给我们敲响了警钟，环境安全意识必须始终牢记，环境安全防线不能有一丝一毫放松。

本书系统地总结和阐述了环境风险防控和突发环境事件应急等全过程管理概念、内容、工作原则和技术方法，为有效引导环境应

前言

党的十八大以来，以习近平同志为核心的党中央把生态文明建设摆在治国理政的突出位置，开展了一系列根本性、开创性、长远性的工作，深刻回答了为什么建设生态文明、建设什么样的生态文明以及怎样建设生态文明的重大理论和实践问题，形成的习近平生态文明思想成为习近平新时代中国特色社会主义思想的重要组成部分，引领生态环境保护取得历史性成就、发生历史性变革。生态文明建设成为关系党的使命宗旨的重大政治问题，也是关系民生的重大社会问题。党的十九大更是对生态文明建设和生态环境保护进行了全面总结和重点部署，提出了一系列新理念、新要求、新目标和新部署。将“坚持人与自然和谐共生”作为新时代坚持和发展中国特色社会主义的14条基本方略之一，把生态文明建设上升为中华民族永续发展的千年大计。习近平总书记在全国生态环境保护大会上强调，“广大人民群众热切期盼加快提高生态环境质量”“要把解决突出生态环境问题作为民生优先领域”。人民日益增长的优美生态环境需要与更多优质生态产品的供给不足之间的矛盾突出，已是社会主要矛盾新变化的一个重要方面，过去“盼温饱”“求生存”，现在“盼环保”“求生态”，人民群众对环境保护的期望和关注度已经提上了新的高度。

生态环境安全是国家安全的重要组成部分，是经济社会持续健康发展的重要保障。环境应急管理工作作为整个环保工作的兜底线，急管理技术人员以“风险防控为核心、全过程管理为主线”，科学开展各项环境应急管理工作，切实预防和妥善应对突发环境事件提供技术支持。

本书共分 7 个章节。第 1 章“概述”全面介绍环境风险防控及应急管理的基本概念和主要工作内容；第 2 章“环境应急预案管理”介绍了企业和政府突发环境事件应急预案的管理办法；第 3 章“环境风险管理”介绍了工业企业、尾矿库以及区域环境风险防控内容和技术方法；第 4 章“环境应急信息化管理”介绍了目前环境应急指挥平台建设的内容和应用；第 5 章“突发环境事件应急响应”介绍了突发环境事件发生后从应急响应、信息报告、应急监测、现场处置到应急终止各阶段的重点内容；第 6 章“应急处置阶段环境损害评估”介绍了突发环境事件处置阶段的环境损害的评估技术和主要方法；第 7 章“职责及法律依据”分别介绍了政府和企业在环境应急管理工作中的法定职责和法律依据。

另外，在本书撰写过程中，得到了很多朋友、老师的支持、鼓励和实实在在的帮助，在此要特别感谢常沁春、王亚变、刘佳以及王乾老师的悉心指导，他们以专业的视角，为本书的编写提供了很多宝贵的建议，并且帮我审阅了书中部分章节，本书能够圆满完成，他们都是功不可没的。不仅如此，这几个月的时间里，我的大部分业余时间都花在本书的撰写上，照顾孩子的繁重的事务都由我的母亲承担，出书的功劳，有我的一半，也有她的一半。

本书出版之时，恰逢我家儿子两周岁，在这里祝福我的宝贝健康成长，幸福快乐，谨以此书作为一份给他的特殊纪念。

2018 年 9 月

目　录

第 1 章　概 述 1
1.1　环境风险防控及应急管理基本概念 1
1.2　环境风险防控及应急管理特点 2
1.3　环境风险防控及应急管理原则 4
1.4　环境风险防控及应急管理主要内容 7
1.5　环境风险防控及应急管理体系内涵 12

第 2 章　环境应急预案管理 18
2.1　企业突发环境事件应急预案 18
2.2　政府突发环境事件应急预案 24

第 3 章　环境风险管理 27
3.1　环境风险管理概述及定义 27
3.2　工业企业环境风险防控 28
3.3　尾矿库企业环境风险防控 57
3.4　区域环境风险防控 74

第 4 章　环境应急信息化管理 119
4.1　环境应急管理信息化概述 119
4.2　环境应急管理信息化内容 120

4.3 环境应急管理信息化应用 124

第 5 章 突发环境事件应急响应 129
5.1 环境应急响应概述 129
5.2 信息接报与报告 135
5.3 应急响应 138
5.4 环境应急监测 141
5.5 突发环境事件现场应急处置 143
5.6 终止 145

第 6 章 应急处置阶段环境损害评估 147
6.1 环境损害评估概述 147
6.2 评估内容与评估程序 148
6.3 评估方法 149

第 7 章 职责及法律依据 165
7.1 政府部门法定职责 165
7.2 企业法定职责 200

第 1 章　概　述

1.1　环境风险防控及应急管理基本概念

环境风险是指发生突发环境事件的可能性及突发环境事件造成的危害程度。

环境风险单元指长期或临时生产、加工、使用或储存环境风险物质的一个（套）生产装置、设施或场所或同属一个企业且边缘距离小于 500 m 的几个（套）生产装置、设施或场所。

环境风险受体指在突发环境事件中可能受到危害的企业外部人群、具有一定社会价值或生态环境功能的单位或区域等。

事件是指与当事人意志无关的那些客观现象，即这些事实的出现与否，是当事人无法预见或控制的。

事故一般是指造成死亡、疾病、伤害、损坏或者其他损失的意外情况，通常指人（个人或集体）在为实现某种意图而进行的活动过程中，突然发生的、违反人的意志的、迫使活动暂时或永久停止的事件。

事件、事故都是不以人的意志为转移而突然发生的意外事情，但是事件较事故对社会的影响程度更深、范围更大；事故的发生一般都具有明确的责任人，而事件的发生则不一定有明确的责任人。

可见，事故与事件是密切联系，又有所区别的。

突发事件是指突然发生，造成或者可能造成严重社会危害，需要采取应急处置措施予以应对的自然灾害、事故灾难、公共卫生和社会安全事件。

突发环境事件是指由于污染物排放或自然灾害、生产安全事故等因素，导致污染物或放射性物质等有毒有害物质进入大气、水体、土壤等环境介质，突然造成或可能造成环境质量下降，危及公众身体健康和财产安全，或造成生态环境破坏，或造成重大社会影响，需要采取紧急措施予以应对的事件，主要包括大气污染、水体污染、土壤污染等突发性环境污染事件和辐射污染事件。

环境应急管理是指政府及相关部门为防范和应对突发环境事件而进行的一系列有组织、有计划的管理活动，是政府环境管理的重要组成部分，包括针对突发环境事件的预防、预警、处置、恢复等动态过程。环境应急管理的主要任务是最大限度地减少突发环境事件的发生和降低突发环境事件所造成的危害，根本目的是保障环境安全和人民群众生命财产安全。

1.2 环境风险防控及应急管理特点

环境应急管理作为应急管理的具体类型之一，是政府的一项基本职能。它具有各类应急管理的共性特点，但从属于环境综合管理的工作性质也决定了其具有其他应急管理所不具有的个性特点。

（1）系统管理

环境应急管理的目的是最大限度地避免和减小突发环境事件对公众造成的生命健康和财产损失，维护公共利益和公共安全。这种公共性特点决定了环境应急管理涉及政府、部门、企业单位、社会团体、公民等多个参与主体，这些主体在参与环境应急管理过程中所形成的政府与部门、政府与企业、政府与公众、环境保护部门与其他部门、上级环境保护部门与下级环境保护部门、上级环境保护部门与下级地区、地区与地区等多重利益关系需要协调和理顺。此外，在环境应急管理过程中，特别是突发环境事件应急响应时需要大量的人力、财力、物力、信息和技术等资源，而政府掌握的资源是有限的，必须依靠和借助全社会资源的共享和互助来保障。因此，环境应急管理是一项复杂的社会系统工程，客观上要求政府从全局的高度实行综合协调，围绕应急预案、应急管理体制、机制、法制建设，构建起“一案三制”框架，统筹各方利益，整合各种资源，协同各种要素，形成管理合力。

（2）常态管理与非常态管理相结合

在应对突发环境事件的过程中，政府常常需要采取异于常态管理的紧急措施和程序，因此环境应急管理具有典型的非常态管理的属性，但是环境应急管理绝对不仅仅是一种非常态管理，按照事前预防、应急准备、应急响应、事后管理这条环境应急管理主线，事前预防和应急准备环节是环境应急管理不可分割的两个重要组成部分，毫不夸张地说，环境应急管理的基础建立在常态管理之上，常态管理做好了可以最大限度地减少突发环境事件的发生，减轻非常态管理的压力。从这个意义上讲，应对突发环境事件的过程直接检验的是非常态管理的能力，体现的却是常态的管理水平和效能。

（3）全过程管理

环境应急管理是环境综合管理的重要组成部分，环境应急管理理念渗透于环境综合管理的各个方面，环境应急管理职责存在于环境综合管理的各个过程，环境应急管理制度分散于环境综合管理的各个环节。无论是环境规划管理、环境影响评估管理，还是污染防控、环境监测和执法监督等，都要始终贯彻防范环境风险的理念，反映环境应急管理的要求，健全环境应急综合管理机制，以事前预防、应急准备、应急响应、事后管理为主线，将环境应急管理具体职责渗透到环境综合管理的全过程、全方位，将环境应急管理与项目审批、污控、总量、监察、监测等相关部门有机串联起来，围绕环境应急工作互通信息、协调联动、综合应对、形成合力，努力架构全防全控的防范体系。

（4）协同管理

环境具有媒介性特点，突发环境事件首先对环境造成危害，进而对人民群众的生命财产安全造成威胁；环境还具有开放性以及流动性的特点，环境各组成要素不断流动、迁移、变化。环境的这些特点决定了：一是相当部分突发环境事件是由自然灾害、安全生产、交通运输等突发事件引发的次生、衍生突发环境事件；二是部分突发环境事件是由相邻区域环境污染引发或污染向相邻区域发展的跨界突发环境事件。突发环境事件在时间上的次生衍生性和空间上的迁移变化性决定了某一地域的环境应急管理不是独立、封闭的管理系统，需要与其他类别的应急管理、其他地域的环境应急管理协同联动、有机衔接，需要进行延伸管理、靠前管理、协同管理，最大限度地消除环境风险隐患，最大可能地避免或减少突发环境事件发生，最大限度地保护人民群众生命财产及环境安全。

1.3 环境风险防控及应急管理原则

（1）以人为本的原则

突发环境事件的不可抗性和一般公众在危机面前的脆弱性，迫切需要政府在环境应急管理中，切实履行政府的社会管理和公共服务职能，将公众利益作为一切决策和措施的出发点，把保障公众生命财产及环境安全作为首要任务，最大限度地减少突发环境事件造成的人员伤亡和其他危害。

（2）预防为主的原则

传统突发事件处置工作主要是突发事件发生后的应对和处置，是在无准备或准备不足状态下的仓促抵御，具有很大的被动性，处理成本高，灾害损失大。现代应急管理则强调管理重心前移、预防为主、预防与应急相结合，强调做好应急管理的基础性工作。

预防为主原则有两层含义：一是通过风险管理、预测预警等措施防止突发环境事件发生；二是通过应急准备措施，使无法防止的突发环境事件带来的损失降低至最低限度。

首先，政府要高度重视突发环境事件事前预防，增强忧患意识，建立健全风险防控、监测监控、预测预警系统，建立统一、高效的环境应急信息平台，及早发现引发突发环境事件的线索和诱因，预测将要出现的问题，采取有效措施，力求将突发环境事件遏制在萌芽状态。

其次，要健全环境应急预案体系，建设精干实用的环境应急处置队伍，构建环境应急物资储备网络，为应对突发环境事件做好组织、人员、物资等各项应急准备，在突发环境事件发生后，力求能够及时、快速、有效地控制或减缓突发环境事件的发展，最大限度地减轻事件造成的影响及危害。

（3）科学统筹原则

环境应急管理工作是一项系统工程，需要在突发环境事件发生的每一个阶段制定出相应的对策，采取一系列必要措施，包含对突发环境事件事前、事中、事后所有事务的管理。按照系统原理和系统开放原则，必须深入研究政治环境、技术及资源环境等对应急管理的影响，设置相应的组织管理系统，提高环境应急管理对各方面环境的适应能力。

科学统筹原则要求把环境应急管理工作置于系统形式中，立足系统观点，从系统与要素、要素与要素、系统与环境之间的相互联系和相互作用出发，将环境应急管理工作的各主体、各环节、各要素予以统筹规划、综合协调、有机衔接、形成合力，以达到最佳管理效果。

首先，建立健全“统一领导、综合协调、分类管理、分级负责、属地管理为主”的环境应急管理体制，开创政府统一领导、部门分工协作、企业主要落实、公众有序参与的有序局面。

其次，加快环境保护部门与相关部门之间建立协同联动关系，推动相邻地域之间建立协同联动机制，互通信息、共享资源、交流经验、优势互补。环境保护部门内部将应急管理涉及的部门有机串联起来，明确职责、互通信息、综合应对、形成合力。

最后，立足现实国情，有针对性地开展环境应急管理体系建设，以“一案三制”为核心不断完善风险防控、应急预案、指挥协调、恢复评估以及政策法律、组织管理、应急资源等子系统，全面提升环境应急管理水平。

（4）依法行政原则

依法行政、加强环境应急法制建设是从根本上解决政府环境应急管理行为的正当性与合法性，实现政府环境应急管理行为及程序的规范化、制度化与法定化，防止在非常态下行政权力被滥用，公民权利受损害的基本前提。

依法行政原则首先要求建立健全环境应急法律、法规、标准及预案体系，确保环境应急管理工作有法可依。政府要坚持依法行政、依法管理、依法应急，确保有法必依、行政行为合法。

其次要坚持适当行政、合理行政，确保行政行为在形式合法的前提下尽可能合理、适当和公正。《突发事件应对法》第十一条规定："有关人民政府及其部门采取的应对突发事件的措施，应当与突发事件可能造成的社会危害的性质、程度和范围相适应；有多种措施可以选择的，应当选择有利于最大限度地保护公民、法人和其他组织权益的措施。"就是行政适当原则在应急管理领域的具体要求。

（5）权责一致原则

管理工作强调责任性，环境应急管理机构及各相关主体由于具有相应职权，必须履行一定的职责，未履行或不适当地履行其职责，就是失职、渎职。实施责任追加、加大环境应急问责力度是落实环保责任、保障环境安全的有力措施，有助于增强环境应急管理主体的责任意识和忧患意识，确保正确履行职责。

权责一致首先要求划清环境应急管理职责的界限，职责要落实到地区、部门或个人。不同类别、级别的主体在环境应急管理中的职责应与其职权、级别相对应，保证不出现越位和缺位，使环境应急管理系统能够高效有序运转，一旦发生突发环境事件，可在最短的时间内调度必需的社会资源来协同应对。

其次要建立环境应急管理工作绩效评估制度与责任追究机制，一旦环境应急管理主休出现失职、渎职，必须有强力机制保证失职、渎职行为人受到责任追究和惩处，切实做到"事件原因没有查清不放过，事件责任者没有严肃处理不放过，整改措施没有落实不放过"。

1.4 环境风险防控及应急管理主要内容

环境应急管理主要包括常态和非常态管理，根据突发环境事件的特点和实际，环境应急管理应强调对潜在突发环境事件实施事前、事中、事后的管理，也可以分为预防、准备、响应和恢复四个阶段。这四个阶段并没有严格的界限，预防与应急准备、监测与预警、应急处置与救援、事后恢复与重建等应急管理活动贯穿于每个阶段之中，每个环节的任务各不相同又密切相关，构成了环境应急管理工作一个动态的循环改进过程。

（1）预防

预防是指为减少和降低环境风险，避免突发环境事件发生而实施的各项措施，主要包括建设项目环境风险评估、环境风险源的识别评估与监控、环境风险隐患排查监管、预测与预警等内容。它有两层含义：一是突发环境事件的预防工作，通过管理和技术手段，尽可能地防止突发环境事件的发生；二是在假定突发环境事件必然发生的前提下，通过预先采取一定的预防措施，达到降低或减缓其影响或后果的严重程度。

建设项目环境风险评估是指对建设项目建设和运行期间发生的可预测突发性事件或事故（一般不包括人为破坏及自然灾害）引起有毒有害、易燃易爆等物质泄漏或突发事件产生的新的有毒有害物质，所造成的对人身安全与环境的影响和损害进行评估，提出防范、应急与减缓措施。

环境风险源的识别与评估是指在识别风险源的基础上，进一步对风险源的危险性进行分级，从而有针对性地对重大或特大的风险源加强监控和预警。环境风险源的监控是指在风险源识别与分级的基础上，对环境风险源进行监控及动态管理，特别要对重大风险源进行实时监控。

环境风险隐患排查监管是指环境保护部门为及时发现并消除隐患，减少或防止突发环境事件发生，根据环保法律法规以及安全生产管理等制度的规定，督促生产经营单位（企业）就其可能导致突发环境事件发生的物质的危险状态、人的不安全行为和管理上的缺陷进行的监督检查行为。

预测与预警是指通过对预警对象和范围、预警指标、预警信息进行分析研究，及时发现和识别潜在的或现实的突发环境事件因素，评估预测即将发生突发环境事件的严重程度并决定是否发出警报，以便及时采取相应预防措施减少突发环境事件发生的突然性和破坏性，从而实现防患于未然的目的。

此外，加强公众环境应急知识的普及和教育，提高公众对突发环境事件的预防意识及预防能力，加强突发环境事件事前预防的理论研究与科技研发等也是事前预防的重要内容。

（2）准备

应急准备是指为提高对突发环境事件的快速、高效反应能力，防止突发环境事件升级或扩大，最大限度地减小事件造成的损失和影响，针对可能发生的突发环境事件而预先进行的组织准备和应急保障。

组织准备主要是指根据可能发生突发环境事件的类型和区域，对应急机构职责、人员、技术、装备、设施（备）、物资、救援行动及其指挥与协调等方面预先有针对性地做好组织、部署。一般来说，组织准备主要通过编制应急预案并进行必要的演习来实现。应急预案是指针对可能发生的突发环境事件，为确保迅速、有序、高效地开展应急处置，减少人员伤亡和经济损失而预先制定的计划或方案。

应急保障主要是指为确保环境应急管理工作正常开展、突发环境事件得到有效预防及妥善处置、人民群众生命财产和环境安全得到充分维护所需的各项保障措施，主要包括政策法律保障、组织管理保障、应急资源保障三大要素。政策法律保障指的是建立完善的环境应急法制体系；组织管理保障指的是建立专（兼）职的环境应急管理机构并确保一定数量的人员编制；应急资源保障具体包括人力资源保障、装备资源保障、物资资源保障等内容。

此外，环境应急宣传教育培训、应急处置技术和设备的开发等工作也是应急准备的重要内容之一。

（3）响应

应急响应是指突发环境事件发生后，为遏制或消除正在发生的突发环境事件，控制或减缓其造成的危害及影响，最大限度地保护人民群众的生命财产和环境安全，根据事先制定的应急预案，采取的一系列有效措施和应急行动，具体包括事件报告、分级响应、警报与通报、信息发布、应急疏散、应急控制、应急终止等环节及要素。

事件报告是指突发环境事件发生后，法定的事件报告义务主体依照法定权限及程序及时向上级政府或部门报告事件信息的行为。

分级响应是指根据突发环境事件的类型，对照突发环境事件的应急响应分级，启动相应的分级响应程序。

警报是指为确保突发环境事件波及地区的公众及时做出自我防护响应，而采取的告知突发环境事件性质、对健康的影响、自我保护措施以及其他注意事项等信息的行为。

通报是指突发环境事件发生后，承担法定通报义务的政府部门及时向毗邻和可能波及地区相关部门、所在区域其他政府部门通报突发环境事件情况的行为。

信息发布是指突发环境事件发生后，行政机关或被授权组织依照法定程序，及时、准确、有效地向社会公众发布突发环境事件情况、应对活动状态等方面信息的行为或过程。

应急疏散是指在突发环境事件发生后，为尽量减少人员伤亡，将安全受到威胁的公众紧急转移到安全地带的环境应急管理措施。

应急控制是指突发环境事件发生后，为尽快消除险情，防止突发环境事件扩大和升级，尽量减少事件造成的损失而采取各种处理处置措施的过程及总和，包括警戒、人员安全防护与救护、现场处置等内容。

应急终止是指应急指挥机构根据突发环境事件的处置及控制情况，宣布终止应急响应状态。

应急响应是应对突发事件的关键阶段、实战阶段，考验着政府和企业的应急处置能力，尤其需要解决好以下几个问题：一是要提高快速反应能力。反应速度越快，意味着越能减少损失。经验表明，建立统一的指挥中心或系统将有助于提高快速反应能力。二是应对突发环境事件，特别是重大、特别重大突发环境事件，需要政府具有较强的组织动员和协调能力、使各方面的力量都参与进来，相互协作，共同应对。三是要为一线救援、处置人员配备必要的防护装备和处置技术装备，以提高危险状态下的应急处置能力，并保护好一线工作人员。

（4）恢复

恢复是指突发环境事件的影响得到初步控制后，为使生产、工作、生活和生态环境尽快恢复到正常状态进行的各种善后工作。应急恢复应在突发环境事件发生后立即进行。它首先应使突发环境事件影响区域恢复到相对安全的基本状态，然后逐步恢复到正常状态。

要求立即进行的恢复工作包括：评估突发环境事件损失，进行原因调查，清理事发现场，提供赔偿等。在短期恢复工作中，应注意避免出现新的紧急情况。

突发环境事件环境影响评估包括现状评估和预测评估。现状评估是分析事件对环境已经造成的污染或生态破坏的危害程度。预测评估是分析事件可能会造成的中长期环境污染和生态破坏的后果，并提出必要的保护措施。

损害价值评估是指对事件造成的危害后果进行经济价值损失评估，便于统计和报告损失情况，并为后续生态补偿、人身财产赔偿做准备。

补偿赔偿是指由事件责任方或国家对受损失的人群加以经济补偿、赔偿，这是体现社会公平、维护社会稳定的重要环节。

应急回顾评估是指对事件应急响应的各个环节存在的问题和不足进行分析、总结经验教训，为改进今后的事件应急工作提供依据，同时为事件应急工作中各方的表现进行奖惩提供依据。

长期恢复包括：重建被毁设施，开展生态环境修复工程，重新规划和建设受影响区域等。环境恢复是指对已经造成的危害或损失采取必要的控制和补救措施，对可能造成的中长期环境污染和生态破坏采取必要的预防措施，以减少危害程度，在长期恢复工作中，应汲取突发环境事件和应急处置的经验教训，开展进一步的突发环境事件预防工作。

1.5 环境风险防控及应急管理体系内涵

应急管理体系指应对突发事件时的组织、制度、行为、资源等相关应急要素及要素间关系的总和。环境应急管理体系是指在政府领导下，以法律为准绳，全面整合各种资源，制定科学规范的应急机制和应急预案，建立以政府为核心、全社会共同参与的组织网络，预防和应对各类突发环境事件，保障公众生命财产和环境安全，保证社会秩序正常运转的工作系统。

我国环境应急管理体系以“事前预防—应急准备—应急响应—事后管理”四个阶段的全过程管理为主线，围绕应急预案、应急管理体制、机制、法制建设，构建起了“一案三制”的核心框架，该体系包括风险防控、应急预案、指挥协调、恢复评估四大核心要素，以及政策法律、组织管理、应急资源三大保障要素相互联系、相互作用，共同形成有机整体，是一个不断发展的开放体系。

1.5.1 预案建设

预案建设是环境应急管理的龙头，是“一案三制”的起点。预案具有应急规划、纲领和指南的作用，是应急理念的载体，是应急行动的宣传书、动员令、冲锋号，是应急管理部门实施应急教育、预防、引导、操作等多方面工作的有力抓手。制定预案是依据宪法及有关法律、行政法规，把应对突发事件的成功做法规范化、制度化，明确今后如何预防和处置突发环境事件。实质上是把非常态事件中的隐性的常态因素显性化，也就是对历史经验中带有规律性的做法进行总结、概括和提炼，形成有约束力的制度性条文。启动和执行应急预案，就是将制度化的内在规定性转为实践中的外化确定性。预案为突发环境事件中的应急指挥和处置、救援人员在紧急情态下行使权力、实施行动的方式和重点提供了导向，以降低因突发环境事件的不确定性而失去对关键时机、关键环节的把握或浪费资源的概率。

科学的环境应急预案体系应包括国家级应急预案、行业应急预案、各级政府管理应急预案、相关部门应急预案和企业应急预案，预案体系横向到边、纵向到底，符合综合化、系统化、专业化和协同化要求，预案之间相互衔接、统一协调、综合配套，发挥整体效用。

科学的环境应急预案应具备“准”“活”的特点。所谓“准”就是根据事件发生、发展和演变规律，针对本地区、本部门、本企业环境风险隐患和薄弱环节，科学制定和实施预案，实现预案的管用、扼要、可操作；所谓“活”就是在认真总结经验教训的基础上，根据地区产业结构和布局的变动、行业技术和替代品的发展、企业作业条件与环境的变迁等，适时修订完善，实现动态管理。

1.5.2 体制建设

应急管理体制主要是指应急指挥机构、社会动员体系、领导责任制度、专业处置队伍和专家咨询队伍等组成部分。

我国应急管理体制按照“统一领导、综合协调、分类管理、分级负责、属地管理为主”的原则建立。从机构和制度建设看，既有中央级的非常设应急指挥机构和常设办事机构，又有地方政府对应的各级指挥机构，并建立了一系列应急管理制度。从职能配置看，应急管理机构在法律意义上明确了在常态下编制规划和预案、统筹推进建设、配置各种资源、组织开展演习、排查风险源的职能，规定了在突发事件中采取措施、实施步骤的权限。从人员配备看，既有负责日常管理的从中央到地方的各级行政人员和专职救援、处置的队伍，又有高校和科研单位的专家。我国环境应急管理的组织体系由应急领导机构、综合协调机构、有关类别环境事件专业指挥机构、应急支持保障部门、专家咨询机构、地方各级人民政府突发环境事件应急领导机构和应急处置队伍组成。

1.5.3 机制建设

应急管理机制是行政管理组织为保证环境应急管理全过程有效运转而建立的机理性制度。应急管理机制是为积极发挥体制作用服务的，同时又与体制有着相辅相成的关系，建立“统一指挥、反应灵敏、功能齐全、协调有力、运转高效”的应急管理机制，既可以促进应急管理体制的健全和有效运转，也可以弥补体制存在的不足。

经过几年的努力，我国初步建立了环境风险预测预警机制、环境应急预案动态管理机制、环境应急响应机制、信息通报机制、部门联动工作机制、企业应急联动机制、环境应急修复机制、环境损害评估机制等。我国在培育应急管理机制时，重视应急管理工作平台建设。国务院制定了“十一五”期间应急平台建设规划并启动了这一工程，其中，公共安全监测监控、预测预警、指挥决策与处置等核心技术难题已经基本攻克，国家统一指挥、功能齐全、先进可靠、反应灵敏、实用高效的公共安全应急体系技术平台正在加快建设步伐，为构建一体化、准确、快速的应急决策指挥和工作系统提供了支撑和保障。环境应急管理的机制有：

（1）环境风险预测预警机制

加强国内外突发环境事件信息收集整理、研究，按照“早发现、早报告、早处置”的原则，开展对国内外环境信息、自然灾害预警信息、常规环境监测数据、辐射环境监测数据的综合分析、风险评估工作，包括对发生在境外、有可能对我国造成环境影响事件信息的收集与传报。开展环境安全风险隐患排查监管工作，加强环境风险隐患动态管理。加强日常环境监测，及时掌握重点流域、敏感地区的环境变化，根据地区、季节特点有针对性地开展环境事件防范工作。

（2）环境应急预案动态管理机制

进一步完善突发环境事件应急预案体系，指导社区、企业层面全面开展突发环境事件应急预案的编制工作，提高预案的实效性、针对性和可操作性，制定分行业、分类的环境应急预案编制指南，规范预案编制、内容、修订、评估、备案和演习等。

（3）环境应急响应机制

按照“统一领导，分类管理，分级负责，条块结合，属地为主”

的原则，建立分级响应机制。事发地人民政府接到事件报告后，要立即启动本级突发环境事件应急预案，组织有关部门进行先期处置。出现本级政府无法应对的突发环境事件，应当马上请求上级政府直接管理。“属地管理为主”不排除上级政府及其有关部门对其工作的指导，也不能免除发生地其他部门的协同义务。

（4）信息通报机制

当突发环境事件影响到毗邻省（自治区、直辖市）或可能波及毗邻省（自治区、直辖市）时，事发地省级人民政府及时将情况通报有关省（自治区、直辖市）人民政府，使其能及时采取必要的防控和监控措施。必要时，生态环境部可直接通报受影响或可能波及的省（自治区、直辖市）环保部门。

（5）部门联动机制

各级政府建设综合性、常设的、专司环境应急事务的协调指挥机构，采用统一接警，分级、分类出警的运行模式。公安、消防、安监、卫生、环保、质监、水利、土地等部门加强横向联系。建立信息通报、应急联动等工作机制。

（6）企业应急联动机制

建立各级人民政府与企业、企业与企业、企业与关联单位之间的应急联动机制，形成统一指挥、相互支持、密切配合、协同应对各类突发公共事件的合力，协调有序地开展环境应急工作。

（7）环境紧急修复机制

环境紧急修复机制是指环境事件发生后，政府及有关部门采取的应急处置措施，控制和减少环境污染损害，包括水环境紧急修复、大气环境紧急修复、土壤环境紧急修复、固体废物转移和安全处置等。

（8）损害评估机制

环境损害评估包括：直接经济损失评估、间接经济损失评估等。

环境损害评估涉及多个政府部门，如农业部门负责农作物、渔业损失的评估，林业部门负责林业损失的评估，卫生部门负责人员救治的评估等。

1.5.4 法制建设

法律手段是应对突发环境事件最基本、最主要的手段。应急管理法制建设，就是依法开展应急工作，努力使突发事件的处置走向规范化、制度化和法制化轨道，使政府和公民在应对突发事件中明确权利、义务，使政府得到高度授权，维护国家利益和公共利益，使公民基本权益得到最大限度的保护。

目前，我国应急管理法律体系基本形成，主要体现在基本法（《中华人民共和国宪法》）和行业法律（《中华人民共和国突发事件应对法》），在宪法规定的指导下，我国的综合性环境保护法律、环境污染防治单行法律、生态破坏防治与自然资源保护单行法律对突发环境事件的应急处理分别做出了综合性和专门的法律规定，具体规定见后面相应各章节。

第2章　环境应急预案管理

2.1　企业突发环境事件应急预案

在新修订的《环境保护法》第四十七条第三款中规定，“企业事业单位应当按照国家有关规定制定突发环境事件应急预案，报环境保护主管部门和有关部门备案”，这将环境应急预案的制定和备案确定为企业的法定义务。企业是制定环境应急预案的责任主体，而环境应急预案是“有生命力的文件”，需要企业通过自身努力，不断修订完善，才能确保切合实际、行之有效。但在实践中，一些企业没有开展必要的风险评估和应急资源调查，只是照搬照抄，或者把编制工作完全交给技术服务机构，编完以后又束之高阁，这与落实企业主体责任的要求不符。也有一些地方环保部门为了保证企业环境应急预案的质量，将备案设置为“非许可类审批”，或者赋予其一些行政许可的色彩，实质上是分担了企业的主体责任。还有一些环保部门对企业环境应急预案着力于“准入”的监管，而对已备案的预案指导和使用不够，管理不到位。这些做法也不符合国家“切实防止行政许可事项边减边增、明减暗增，加强和改进事中和事后监管”的行政审批制度改革的精神，因此，进一步加强企业突发环境事件应急预案备案管理十分重要。

2015 年 1 月 9 日，环境保护部印发了《企业事业单位突发环境事件应急预案备案管理办法（试行）》（环发〔2015〕4 号）（以下简称《备案管理办法》），自发布之日起施行。《备案管理办法》是一份规范地方环境保护主管部门（以下简称“环保部门”）对企业事业单位（以下简称“企业”）突发环境事件应急预案（以简称“环境应急预案”）实施备案管理的规范性文件，对企业环境应急预案备案管理的适用范围、基本原则和备案的准备、实施、监督等作出了明确规定。

2.1.1　企业环境应急预案概述

企业环境应急预案是指企业在应对各类事故、自然灾害时，采取紧急措施，避免或者最大限度减少污染物或者其他有毒有害物质进入厂界外大气、水体、土壤等环境介质，而预先制定的工作方案。企业环境应急预案区别于企业生产安全事故等应急预案。企业环境应急预案的重点是现场处置预案，侧重明确现场处置时的工作任务和程序，体现自救互救、信息报告和先期处置的特点。针对是否编制综合预案、专项预案及这些类别的组合方式，《备案管理办法》提出了指导性而非强制性的要求。企业可以根据自身实际自主选择。

建设单位环境应急预案，是针对建设项目投入生产或者使用后可能面临的突发环境事件而制定的预案，不是建设施工期间的预案。试生产期间环境应急预案，是指试生产前编制的包含了针对试生产期间可能面临的突发环境事件而制定的环境应急预案。由于试生产前可能存在环境风险评估和预案编制等难以到位的客观现实，《备案管理办法》规定建设项目试生产期间的环境应急预案“参照”本办法制定和备案；而建设项目试生产与正式生产有差别，建设单位需要根据实际情况，在试生产期间对环境应急预案进行修订，形成适用于正式生产的环境应急预案。

2.1.2 企业环境应急预案的适用范围

企业进行环境应急预案备案主要分三类。一是可能发生突发环境事件的污染物排放企业。“可能发生突发环境事件”将产生噪声污染的单位、污染物产生量不大或者危害不大的单位排除，例如餐馆等。由于污水、生活垃圾集中处理设施与一般的排放污染物企业有所区别，在《备案管理办法》中用“污水、生活垃圾集中处理设施的运营企业”予以强调。二是可能非正常排放大量有毒有害物质的企业。结合事件案例，强调了涉及危险化学品、危险废物、尾矿库三类易发、多发突发环境事件的企业。三是其他应当纳入适用范围的企业，这是兜底性条款，给予地方环保部门一定的自主权。为进一步明确适用范围，规定了“省级环境保护主管部门可以根据实际情况，发布应当依法进行环境应急预案备案的企业名录”。

2.1.3 企业环境应急预案管理方法

（1）预案编制

企业环境应急预案的重点是现场处置预案，侧重明确现场处置时的工作任务和程序，体现自救互救、信息报告和先期处置的特点。针对是否编制综合预案、专项预案及这些类别的组合方式，企业可以根据自身实际自主选择。按照以下步骤制定环境应急预案：

1）成立环境应急预案编制组，明确编制组组长和成员组成、工作任务、编制计划和经费预算。

2）开展环境风险评估和应急资源调查。环境风险评估包括但不限于：分析各类事故衍化规律、自然灾害影响程度，识别环境危害因素，分析与周边可能受影响的居民、单位、区域环境的关系，构建突发环境事件及其后果情景，确定环境风险等级。应急资源调查包括但不限于：调查企业第一时间可调用的环境应急队伍、装备、物资、场所等应急资源状况和可请求援助或协议援助的应急资源状况。

3）编制环境应急预案。按照《备案管理办法》第九条要求，合理选择类别，确定内容，重点说明可能的突发环境事件情景下需要采取的处置措施，向可能受影响的居民和单位通报的内容与方式，向环境保护主管部门和有关部门报告的内容与方式，以及与政府预案的衔接方式，形成环境应急预案。编制过程中，应征求员工和可能受影响的居民和单位代表的意见。

4）评审和演练环境应急预案。企业组织专家和可能受影响的居民、单位代表对环境应急预案进行评审，开展演练进行检验。

评审专家一般应包括环境应急预案涉及的相关政府管理部门人员、相关行业协会代表、具有相关领域经验的人员等。

5）签署发布环境应急预案。环境应急预案经企业有关会议审议，由企业主要负责人签署发布。

企业结合环境应急预案实施情况，至少每三年对环境应急预案进行一次回顾性评估。有下列情形之一的，及时修订：

1）面临的环境风险发生重大变化，需要重新进行环境风险评估的；

2）应急管理组织指挥体系与职责发生重大变化的；

3）环境应急监测预警及报告机制、应对流程和措施、应急保障措施发生重大变化的；

4）重要应急资源发生重大变化的；

5）在突发事件实际应对和应急演练中发现问题，需要对环境应急预案作出重大调整的；

6）其他需要修订的情况。

对环境应急预案进行重大修订的，修订工作参照环境应急预案制定步骤进行。对环境应急预案个别内容进行调整的，修订工作可适当简化。

（2）预案评审

企业应当组织专家和可能受影响的居民、单位代表对环境应急预案进行评审，开展演练进行检验。评审专家一般应包括环境应急预案涉及的相关政府管理部门人员、相关行业协会代表、具有相关领域经验的人员等。

重点评审环境应急预案中的定位及与相关预案的衔接，组织指挥机构的构成及运行机制，信息传递、响应流程和措施等应对工作的方式中风险分析是否合理、情景构建是否全面、完善风险防范措施的计划是否可行；环境应急资源调查中内容是否全面、调查结果是否可信等。

（3）预案备案

企业环境应急预案应当在环境应急预案签署发布之日起20个工作日内，向企业所在地的县级环境保护主管部门备案。县级环境保护主管部门应当在备案之日起 5 个工作日内将较大和重大环境风险企业的环境应急预案备案文件，报送市级环境保护主管部门，重大的同时报送省级环境保护主管部门。跨县级以上行政区域的企业环境应急预案，应当向沿线或跨域涉及的县级环境保护主管部门备案。县级环境保护主管部门应当将备案的跨县级以上行政区域企业的环境应急预案备案文件，报送市级环境保护主管部门，跨市级以上行政区域的同时报送省级环境保护主管部门。省级环境保护主管部门可以根据实际情况，将受理部门统一调整到市级环境保护主管部门。受理部门应及时将企业环境应急预案备案文件报送有关环境保护主管部门。

企业环境应急预案首次备案，现场办理时应当提交下列文件：

1）突发环境事件应急预案备案表；

2）环境应急预案及编制说明的纸质文件和电子文件，环境应急预案包括：环境应急预案的签署发布文件、环境应急预案文本；编制说明包括：编制过程概述、重点内容说明、征求意见及采纳情况说明、评审情况说明；

3）环境风险评估报告的纸质文件和电子文件；

4）环境应急资源调查报告的纸质文件和电子文件；

5）环境应急预案评审意见的纸质文件和电子文件。

提交备案文件也可以通过信函、电子数据交换等方式进行。通过电子数据交换方式提交的，可以只提交电子文件。

企业环境应急预案有重大修订的，应当在发布之日起 20 个工作日内向原受理部门变更备案。变更备案按照《备案管理办法》第十五条要求办理。环境应急预案个别内容进行调整、需要告知环境保护主管部门的，应当在发布之日起 20 个工作日内以文件形式告知原受理部门。

（4）政府性监督

环保部门对企业备案的监督，主要包括汇总、指导、责任倒查三种方式。汇总、整理、归档并建立数据库，主要是为了收集整理信息，夯实政府预案基础。备案指导是基于提高企业环境应急预案质量对环保部门提出的要求，包括采取档案检查、实地核查等方式的个别重点指导，以及汇总分析抽查结果进行的整体指导，时间节点在备案后。责任倒查是突发环境事件发生后，环保部门将环境应急预案的制定、备案、日常管理及实施情况纳入事件调查处理范围。备案受理部门及时公布备案企业名单，企业主动公开环境应急预案相关信息。

环保部门的监督，按照企业环境风险大小实施分级管理。县级环保部门在 5 个工作日内将较大以上环境风险企业的备案文件报送市级环保部门，重大以上报送省级环保部门。省级、市级环保部门根据掌握的备案文件实施重点监管。

针对企业环境风险评估与分级，环境保护部出台了《企业突发环境事件风险评估技术指南（试行）》（环办〔2014〕34 号）、《尾矿库环境风险评估技术导则》（HJ 740—2015）、《企业突发环境事件风险分级方法》（HJ 941—2018），给出了环境风险评估的一般性方法，涵盖了大部分易发、多发突发环境事件的企业。目前，生态环境部还将出台企业突发环境事件环境风险等级划分方法标准，进一步加强企业环境风险分级的技术指导。县级以上地方环保部门可以参考有关突发环境事件风险评估标准或指导性技术文件，结合实际指导企业确定环境风险等级。

2.2 政府突发环境事件应急预案

2.2.1 政府环境应急预案概述

政府突发事件应急预案应当包括总体应急预案、专项应急预案、部门应急预案等，由各级人民政府及其部门制定，报本级人民政府批准后印发实施。

总体应急预案是应急预案体系的总纲，是政府组织应对突发事件的总体制度安排，由县级以上各级人民政府制定。主要规定突发事件应对的基本原则、组织体系、运行机制，以及应急保障的总体安排等，明确相关各方的职责和任务。

专项应急预案是政府为应对某一类型或某几种类型突发事件，或者针对重要目标物保护、重大活动保障、应急资源保障等重要专项工作而预先制定的涉及多个部门职责的工作方案，由有关部门牵头制订。

部门应急预案是政府有关部门根据总体应急预案、专项应急预案和部门职责，为应对本部门（行业、领域）突发事件，或者针对重要目标物保护、重大活动保障、应急资源保障等涉及部门工作而预先制定的工作方案。

针对突发事件应对的专项和部门应急预案，不同层级的预案内容各有所侧重。国家层面专项和部门应急预案侧重明确突发事件的应对原则、组织指挥机制、预警分级和事件分级标准、信息报告要求、分级响应及响应行动、应急保障措施等，重点规范国家层面应对行动，同时体现政策性和指导性；省级专项和部门应急预案侧重明确突发事件的组织指挥机制、信息报告要求、分级响应及响应行动、队伍物资保障及调动程序、市县级政府职责等，重点规范省级层面应对行动，同时体现指导性；市县级专项和部门应急预案侧重明确突发事件的组织指挥机制、风险评估、监测预警、信息报告、应急处置措施、队伍物资保障及调动程序等内容，重点规范市（地）级和县级层面应对行动，体现应急处置的主体职能；乡镇街道专项和部门应急预案侧重明确突发事件的预警信息传播、组织先期处置和自救互救、信息收集报告、人员临时安置等内容，重点规范乡镇层面应对行动，体现先期处置特点。

突发环境事件应急预案是政府专项应急预案的组成部分，是针对可能发生的突发环境事件，为确保迅速、有序、高效地开展应急处置，减少人员伤亡和经济损失而预先制定的计划或方案。主要针对由于污染物排放或自然灾害、生产安全事故等因素，导致污染物或放射性物质等有毒有害物质进入大气、水体、土壤等环境介质，突然造成或可能造成环境质量下降，危及公众身体健康和财产安全，或造成生态环境破坏，或造成重大社会影响，需要采取紧急措施予以应对的事件，主要包括大气污染、水体污染、土壤污染等突发性环境污染事件和辐射污染事件。以统一领导、分级负责，属地为主、协调联动、快速反应、科学处置、资源共享、保障有力的原则，进一步理清各部门职责，使地方人民政府和有关部门立即自动按照职责分工和相关预案开展应急处置工作。

2.2.2 政府环境应急预案的编制范围

县级以上人民政府环境保护主管部门，应当按照有关法律法规和环境保护部《突发环境事件应急预案管理暂行办法》（环发〔2010〕113 号）的规定，根据实际需要和情势变化，依据有关预案编制指南或编制修订框架指南修订环境应急预案。

2.2.3 政府环境应急预案管理方法

县级以上人民政府环境保护主管部门编制的环境应急预案应当报本级人民政府和上级人民政府环境保护主管部门备案。同时，应当采取有效形式，开展环境应急预案的宣传教育，普及突发环境事件预防、避险、自救、互救和应急处置知识，提高从业人员环境安全意识和应急处置技能。建立健全环境应急预案演练制度，每年至少组织一次应急演练。

第3章　环境风险管理

3.1　环境风险管理概述及定义

环境风险管理（ERM）概念存在两种观点，一种观点是相对狭义的理解，认为环境风险管理是环境风险评估的后续过程，指根据环境风险评估的结果采取相应的应对措施，以经济有效地降低环境危害。例如，美国国家科学院认为，环境风险评估与环境风险管理是两个既联系紧密又需要区分的过程，风险评估是一个基于科学研究的技术过程，其结果是风险管理的基础，风险管理中的决策需要考虑政治、经济和技术因素；另一种观点是相对广义的，将环境风险管理视为风险管理在环境保护领域的应用，环境风险评估是环境风险管理的一部分，具体指环境管理部门、企业事业单位和环境科研机构运用相关的管理工具，通过系统的环境风险分析、评估，提出决策方案，力求以较小的成本获得较多的安全保障。

当前，我国已进入突发环境事件高发期和矛盾凸显期，环境问题已成为威胁群众健康、公共安全和社会稳定的重要因素。党中央、国务院高度重视环境风险防范与管理，2011年10月发布的《国务院关于加强环境保护重点工作的意见》和同年12月印发的《国家环境保护“十二五”规划》，明确提出了“完善以预防为主的环境风险管理制度，严格落实企业环境安全主体责任，制定环境风险评估规范”等要求。2013 年 10 月，国务院办公厅印发了《突发事件应急预案管理办法》，规定“编制应急预案应当在开展风险评估和应急资源调查的基础上进行”，强调了开展风险评估对应急预案编制的重要基础性作用。

企业可以通过开展突发环境事件风险评估，进一步从环境风险管理制度、环境风险防控与应急措施、环境应急资源、历史经验教训等方面，对现有环境风险防控与应急措施的完备性、可行性和有效性进行分析，排查隐患、找出差距，根据其危害性、紧迫性和治理时间，制订短期、中期和长期的完善计划并逐项落实整改。企业按照这些方法持续排查、治理各类环境安全隐患，不仅可以提高环境风险防控和应急响应水平，还能动态完善应急预案，从而降低突发环境事件的发生概率，减轻其危害程度。

地方政府和环保部门通过评估报告掌握辖区内企业环境风险等级、风险状况及应急资源情况。一方面可以将其作为区域环境应急预案编制的重要基础，提高预案的针对性和可操作性；另一方面还可根据环境风险等级，对企业实施差别化管理，在管理资源有限的情况下，优先关注重大环境风险企业。

3.2 工业企业环境风险防控

凡可能发生突发环境事件的企业均应当对企业环境风险进行评估，并划分风险等级，分析企业环境风险节点和防控措施，便于突出重点，分级管理。

涉及生产、加工、使用、存储或释放《企业突发环境事件风险分级方法》中列出的突发环境事件风险物质的企业、事业单位可参照本办法进行突发环境事件风险分级。（不适用于军事设施、石油天然气长输管道、城镇燃气管道、核设施与加工放射性物质的单位，和从事危险化学品运输或搬运（如港口装卸）的载具或单位。）

3.2.1 资料准备与环境风险识别

环境风险识别对象包括：企业基本信息、周边环境风险受体、涉及环境风险物质和数量、生产工艺、安全生产管理、环境风险单元及现有环境风险防控与应急措施、现有应急资源等。

（1）企业基本信息

明确的企业基本信息包括：单位名称、组织机构代码、法定代表人、单位所在地、中心经度、中心纬度、所属行业类别、建厂年月、最新改扩建年月、主要联系方式、企业规模、厂区面积、从业人数等（如为子公司，还需列明上级公司名称和所属集团公司名称）；地形、地貌（如在泄洪区、河边、坡地）、气候类型、年风向玫瑰图、历史上曾经发生过的极端天气情况和自然灾害情况（如地震、台风、泥石流、洪水等）；环境功能区划情况以及最近一年地表水、地下水、大气、土壤环境质量现状。

（2）周边环境风险受体

企业周边所有环境风险受体包括：以企业厂区边界计，周边5 km范围内大气环境风险受体（包括居住、医疗卫生、文化教育、科研、行政办公、重要基础设施、企业等主要功能区域内的人群、保护单位、植被等）和土壤环境风险受体（包括基本农田保护区、居住商用地）情况，并列表说明下列内容：名称、规模（人口数、级别或面积）、中心经度、中心纬度、距企业距离（米）、相对企业方位、服务范围（取水口填写）、联系人和联系电话。企业雨水排口（含泄洪渠）、清净下水排口、废水总排口下游10 km范围内水环境风险受体（包括饮用水水源保护区、自来水厂取水口、自然保护区、重要湿地、特殊生态系统、水产养殖区、鱼虾产卵场、天然渔场等）情况，以及按最大流速计，水体 24 h 流经范围内涉及国界、省界、市界等情况，并列表说明下列内容：名称、规模（级别或面积）、中心经度、中心纬度、据企业距离、相对企业方位、服务范围（取水口填写）、联系人和联系电话。

（3）涉及环境风险物质和数量

针对企业的生产原料、燃料、产品、中间产品、副产品、催化剂、辅助生产原料、“三废”污染物等，内容包括：物质名称，化学文摘号（CAS），目前数量和可能存在的最大数量，在正常使用和事故状态下的物理、化学性质、毒理学特性、对人体和环境的急性和慢性危害、伴生/次生物质以及基本应急处置方法等。

（4）生产工艺

企业生产工艺及其特征包括：生产工艺名称，反应条件（包括高温、高压、易燃、易爆），是否属于《重点监管危险化工工艺目录》或国家规定有淘汰期限的淘汰类落后生产工艺装备等。

（5）安全生产管理

企业现有安全生产管理情况。

（6）环境风险单元及现有环境风险防控与应急措施

环境风险防控与应急措施包括：从生产装置、储运系统、公用工程系统、辅助生产设施及环境保护设施等方面，列表说明每个涉及环境风险物质的环境风险单元及其环境风险防控措施的实施和日常管理情况。明确每个风险单元所采取的水、大气等环境风险防控措施，包括：截流措施、事故排水收集措施、清净下水系统防控措施、雨排水系统防控措施、生产废水处理系统防控措施；毒性气体泄漏紧急处置装置和毒性气体泄漏监控预警措施；环评及批复的其他风险防控措施落实情况等。明确企业雨排水、清净下水、经处理后的生产废水排放去向、受纳水体名称、受纳水体汇入河流及所属水系，受纳水体的年平均流速流量和最大流速流量等。

（7）现有应急资源情况

现有应急资源，是指第一时间可以使用的企业内部应急物资、应急装备和应急救援队伍情况，以及企业外部可以请求援助的应急资源，包括与其他组织或单位签订应急救援协议或互救协议情况等。

应急物资主要包括处理、消解和吸收污染物（泄漏物）的各种絮凝剂、吸附剂、中和剂、解毒剂、氧化还原剂等；应急装备主要包括个人防护装备、应急监测能力、应急通信系统、电源（包括应急电源）、照明等。

按应急物资、装备和救援队伍，分别列表说明下列内容：

名称、类型（指物资、装备或队伍）、数量（或人数）、有效期（指物资）、外部供应单位名称、外部供应单位联系人、外部供应单位联系电话等。

3.2.2　突发环境事件及其情景分析

3.2.2.1　突发环境事件情景分析

（1）收集国内外同类企业突发环境事件资料

列表说明下列内容：年份日期、地点、装置规模、引发原因、物料泄漏量、影响范围、采取的应急措施、事件损失、事件对环境及人造成的影响等。

（2）提出所有可能发生突发环境事件情景

结合事件情景，列表说明并至少从以下几个方面分析可能引发或次生突发环境事件的最坏情景。

A．火灾、爆炸、泄漏等生产安全事故及可能引起的次生、衍生厂外环境污染及人员伤亡事故（例如，因生产安全事故导致有毒有害气体扩散出厂界，消防水、物料泄漏物及反应生成物，从雨水排口、清净下水排口、污水排口、厂门或围墙排出厂界，污染环境等）；

B．环境风险防控设施失灵或非正常操作（如雨水阀门不能正常关闭，化工行业火炬意外灭火）；

C．非正常工况（如开、停车等）；

D．污染治理设施非正常运行；

E．违法排污；

F．停电、断水、停气等；

G．通信或运输系统故障；

H．各种自然灾害、极端天气或不利气象条件；

I．其他可能的情景。

3.2.2.2 突发环境事件情景源强分析

针对上述提出的每种情景进行源强分析，包括释放环境风险物质的种类、物理化学性质、最小和最大释放量、扩散范围、浓度分布、持续时间、危害程度。

（1）危险化学品的泄漏量

泄漏量计算包括液体泄漏速率、气体泄漏速率、两相流泄漏、泄漏液体蒸发量计算。

1）液体泄漏速率

液体泄漏速度 Q_L 用伯努利方程计算：

$$Q_L = C_d A_\rho \sqrt{\frac{2(P - P_0)}{\rho} + 2gh} \tag{3-1}$$

式中：Q_L——液体泄漏速度，kg/s；

C_d——液体泄漏系数，此值常用 0.6～0.64；

A——裂口面积，m^2；

P——容器内介质压力．Pa；

P_0——环境压力，Pa；

g——重力加速度，m^2/s；

h——裂口之上液位高度，m。

本法的限制条件：液体在喷口内不应有急剧蒸发。

2）气体泄漏速率

当下式成立时，气体流动属音速流动（临界流）：

$$\frac{P_0}{P} \leqslant \left(\frac{2}{k+1}\right)^{\frac{1}{k+1}} \tag{3-2}$$

当下式成立时，气体流动属亚音速流动（次临界流）：

$$\frac{P_0}{P} > \left(\frac{2}{k+1}\right)^{\frac{1}{k-1}} \tag{3-3}$$

式中：P——容器内介质压力，Pa；

P_0——环境压力，Pa；

k——气体的绝热指数（热容比），即定压热容 C_p 与定容热容 C_v 之比。

假定气体的特性是理想气体，气体泄漏速度 Q_G 按下式计算：

$$Q_G = YC_d AP\sqrt{\frac{Mk}{RT_G}\left(\frac{2}{k+1}\right)^{\frac{k+1}{k-1}}} \tag{3-4}$$

式中：Q_G——气体泄漏速度，kg/s；

P——容器压力，Pa；

C_d——气体泄漏系数；当裂口形状为圆形时取 1.00，三角形时取 0.95，长方形时取 0.90；

A——裂口面积，m^2；

M——分子量；

R——气体常数，J/（mol·K）；

T_G——气体温度，K；

Y——流出系数，对于临界流 Y=1.0，对于次临界流按下式计算：

$$Y=\left[\frac{P_0}{P}\right]^{\frac{1}{k}}\times\left\{1-\frac{P_0}{P}^{\frac{(k-1)}{k}}\right\}^{\frac{1}{2}}\times\left\{\left[\frac{2}{k-1}\right]\times\left[\frac{k+1}{2}\right]^{\frac{(k+1)}{(k-1)}}\right\}^{\frac{1}{2}} \tag{3-5}$$

3）两相流泄漏

假定液相和气相是均匀的，且互相平衡，两相流泄漏计算按下式：

$$Q_{LG}=C_d A\sqrt{2\rho_m(P-P_C)} \tag{3-6}$$

式中：Q_{LC}——两相流泄漏速度，kg/s；

C_d——两相流泄漏系数，可取 0.8；

A——裂口面积，m^2；

P——操作压力或容器压力，Pa；

P_C——临界压力，Pa，可取 PC=0.55P；

ρ_m——两相混合物的平均密度，kg/m^3，由下式计算：

$$\rho_m=\frac{1}{\frac{F_V}{\rho_1}+\frac{1-F_V}{\rho_2}} \tag{3-7}$$

式中：ρ_1——液体蒸发的蒸气密度，kg/m^3；

ρ_2——液体密度，kg/m^3；

F_V——蒸发的液体占液体总量的比例，由下式计算：

$$F_V = \frac{C_P(T_{LG} - T_C)}{H} \tag{3-8}$$

式中：C_P——两相混合物的定压比热，J/（kg·K）；

T_{LC}——两相混合物的温度，K；

T_C——液体在临界压力下的沸点，K；

H——液体的气化热，J/kg。

当 $F_V>1$ 时，表明液体将全部蒸发成气体，这时应按气体泄漏计算；如果 F_V 很小，则可近似地按液体泄漏公式计算。

4）泄漏液体蒸发量

泄漏液体的蒸发分为闪蒸蒸发、热量蒸发和质量蒸发三种，其蒸发总量为这三种蒸发之和。

a. 闪蒸量的估算

过热液体闪蒸量可按下式估算：

$$Q_1 = F \cdot W_T / t_1 \tag{3-9}$$

式中：Q_1——闪蒸量，kg/s；

W_T——液体泄漏总量，kg；

t_1——闪蒸蒸发时间，s；

F——蒸发的液体占液体总量的比例，按下式计算

$$F = C_P \frac{T_L - T_b}{H} \tag{3-10}$$

式中：C_P——液体的定压比热，J /（kg·K）；

T_L——泄漏前液体的温度，K；

T_b——液体在常压下的沸点，K；

H——液体的气化热，J/kg。

b. 热量蒸发估算

当液体闪蒸不完全，有一部分液体在地面形成液池，并吸收地面热量而气化称为热量蒸发。热量蒸发的蒸发速度 Q_2 按下式计算：

$$Q_2 = \frac{\lambda S \times (T_0 - T_b)}{H\sqrt{\pi \alpha t}} \tag{3-11}$$

式中：Q_2——热量蒸发速度，kg/s；

T_0——环境温度，K；

T_b ——沸点温度；K；

S——液池面积，m^2；

H——液体气化热，J/kg；

λ——表面热导系数（见表 3-1），W/（m·K）；

α——表面热扩散系数（见表 3-1），m^2/s；

t——蒸发时间，s。

表 3-1 液池蒸发模式参数

地面情况	λ /[W/（m·K）]	α /（m^2/s）
水泥	1.1	1.29×10^{-7}
土地（含水 8%）	0.9	4.3×10^{-7}
干阔土地	0.3	2.3×10^{-7}
湿地	0.6	3.3×10^{-7}
砂砾地	2.5	11.0×10^{-7}

c. 质量蒸发估算

当热量蒸发结束，转由液池表面气流运动使液体蒸发，称之为质量蒸发。

质量蒸发速度 Q_3 按下式计算：

$$Q_3 = a \times p \times M / (R \times T_0) \times u^{(2-n)(2+n)} \times r^{(4+n)(2+n)} \tag{3-12}$$

式中：Q_3——质量蒸发速度，kg/s；

a，n——大气稳定度系数，见表 3-1；

p ——液体表面蒸气压，Pa；

R——气体常数；J/（mol·K）；

T_0——环境温度，K；

u ——风速，m/s；

r——液池半径，m。

（2）有毒有害物质在大气中的扩散

有毒有害物质在大气中的扩散，采用多烟团模式、分段烟羽模式、重气体扩散模式等计算。按一年气象资料逐时滑移或按天气取样规范取样，计算各网格点和关心点浓度值，然后对浓度值由小到大排序，取其累积概率水平为 95%的值，作为各网格点和关心点的浓度代表值进行评价。

1）多烟团模式

在事故后果评价中采用下列烟团公式计算：

$$c(x,y,o) = \frac{2Q}{(2\pi)^{3/2}\sigma_x\sigma_y\sigma_z}\exp\left[-\frac{(x-x_o)^2}{2\sigma_x^2}\right]\exp\left[-\frac{(y-y_o)^2}{2\sigma_y^2}\right]\exp\left[-\frac{z_o^2}{2\sigma_z^2}\right] \tag{3-13}$$

式中：$c(x,y,o)$——下风向地面（x，y）坐标处的空气中污染物浓度，mg/m^3；

x_o，y_o，z_o——烟团中心坐标；

Q——事故期间烟团的排放量；

σ_x、σ_y、σ_z——x、y、z 方向的扩散参数，m。

常取$\sigma_x = \sigma_y$

对于瞬时或短时间事故，可采用下述变天条件下多烟团模式：

$$c_w^i(x,y,o,t_w) = \frac{2Q'}{(2\pi)^{3/2}\sigma_{x,\mathrm{eff}}\sigma_{y,\mathrm{eff}}\sigma_{z,\mathrm{eff}}}\exp\left(-\frac{H_e^2}{2\sigma_{z,\mathrm{eff}}^2}\right)$$
$$\exp\left\{-\frac{(x-x_w^i)^2}{2\sigma_{x,\mathrm{eff}}^2}-\frac{(y-y_w^i)^2}{2\sigma_{y,\mathrm{eff}}^2}\right\} \quad (3\text{-}14)$$

式中：$c_w^i(x,y,o,t_w)$——第 i 个烟团在 t_w 时刻（即第 w 时段）在点（x，y，o）产生的地面浓度；

Q'——烟团排放量，mg，$Q' = Q\Delta t$；

Q——释放率，mg/s；

Δt——时段长度，s；

$\sigma_{x,\mathrm{eff}}$、$\sigma_{y,\mathrm{eff}}$、$\sigma_{z,\mathrm{eff}}$——烟团在 w 时段沿 x、y 和 z 方向的等效扩散参数，m，可由下式估算：

$$\sigma_{j,\mathrm{eff}}^2 = \sum_{k=1}^{n}\sigma_{j,k}^2 \qquad (j = x,y,z) \quad (3\text{-}15)$$

式中：$\sigma_{j,k}^2 = \sigma_{j,k}^2(t_k) - \sigma_{j,k}^2(t_{k-1})$

x'_w 和 y'_w——第 w 时段结束时第 i 烟团质心的 x 和 y 坐标，由下述两式计算：

$$x'_w = u_{x,w}(t - t_{w-1}) + \sum_{k=1}^{w-1}u_{x,k}(t_k - t_{k-1}) \quad (3\text{-}16)$$

$$y'_w = u_{y,w}(t - t_{w-1}) + \sum_{k=1}^{w-1}u_{y,k}(t_k - t_{k-1}) \quad (3\text{-}17)$$

各个烟团对某个关心点 t 小时的浓度贡献，按下式计算：

$$c(x,y,0,t)=\sum_{i=1}^{n}c_i(x,y,0,t) \tag{3-18}$$

式中，n 为需要跟踪的烟团数，可由下式确定：

$$c_{n+1}(x,y,0,t)=f\sum_{i=1}^{n}c_i(x,y,0,t) \tag{3-19}$$

式中，f 为小于 1 的系数，可根据计算要求确定。

2）分段烟羽模式

当事故排放源项持续时间较长时（几小时至几天），可采用高斯烟羽公式计算：

$$c=\frac{Q}{2\pi u\sigma_y\sigma_z}\exp\left(-\frac{y_r^2}{2\sigma_y^2}\right)\left\{\exp\left[-\frac{(z_s+\Delta h-z_r)^2}{2\sigma_z^2}\right]+\exp\left[-\frac{(z_s+\Delta h+z_r)^2}{2\sigma_z^2}\right]\right\} \tag{3-20}$$

式中：c——位于 S（0，0，z_r）的点源在接受点 r（x，y_r，z_r）产生的浓度。

短期扩散因子（c/Q）可表示为：

$$(c/Q)=\frac{1}{2\pi u\sigma_y\sigma_z}\exp\left(-\frac{y_r^2}{2\sigma_y^2}\right)\left\{\exp\left[-\frac{(z_s+\Delta h-z_r)^2}{2\sigma_z^2}\right]+\exp\left[-\frac{(z_s+\Delta h+z_r)^2}{2\sigma_z^2}\right]\right\} \tag{3-21}$$

式中：Q——污染物释放率，mg/s；

Δh——烟羽抬升高度；

σ_y、σ_z——下风距离 x_r（m）处的水平风向扩散参数和垂直方向扩散参数。

3）重气体扩散模式

重气体扩散采用 Cox 和 Carpenter 稠密气体扩散模式，计算稳定连续释放和瞬时释放后不同时间时的气团扩散。气团扩散按下式计算：

在重力作用下的扩散：

$$\frac{\mathrm{d}R}{\mathrm{d}t}=[K\cdot g\cdot h(\rho_2-1)]^{\frac{1}{2}} \tag{3-22}$$

在空气的夹卷作用下扩散：

$$Q_e=\gamma\frac{\mathrm{d}R}{\mathrm{d}t}(\text{从烟雾的四周夹卷}) \tag{3-23}$$

$$U_e=\frac{a\cdot u_1}{R_i}(\text{从烟雾的顶部夹卷}) \tag{3-24}$$

式中：R——瞬间泄漏的烟云形成半径；

h——圆柱体的高；

γ——边缘夹卷系数，取 0.6；

a——顶部夹卷系数，取 0.1；

u_1——风速，m/s；

K——试验值，一般取 1；

R_i——Richardon 数，由下式得出：

$$R_i=\frac{gl(\rho_{e,\alpha-1})}{(U_1)^2} \tag{3-25}$$

α——经验常数，取 0.1；

U_1——轴向紊流速度；

l——紊流长度。

（3）有毒有害物质在水中的扩散

1）有毒物质在河流中的扩散预测：采用 HJ/T 2.3 推荐的地表水扩散数学模式。

2）有毒物质在湖泊中的扩散预测：采用 HJ/T 2.3 推荐的湖泊扩

散数学模式。

3）油在海湾、河口的扩散模式

油（乳化油）的浓度计算模型：突发性事故泄漏形成的油膜（或油块），在波浪的作用下也会破碎乳化溶于水中，可与事故排放含油污水一样，均按对流扩散方程计算，其基本方程为：

$$\frac{\partial c}{\partial t}+u\frac{\partial \Delta}{\partial x}+V\frac{\partial c}{\partial y}=\frac{1}{H}\left[\frac{\partial}{\partial x}\left(E_x H\frac{\partial c}{\partial x}\right)+\frac{\partial}{\partial y}\left(E_y H\frac{\partial c}{\partial x}\right)\right]-K_1 c+f \quad (3\text{-}26)$$

式中：$f=\frac{q_0 c_0}{\Delta H}$——源强；

Δ——三角形有污染面的面积；

H——油膜混合的深度。

油膜扩展计算公式：突发事故溢油的油膜计算采用 P.C.Blokker 公式。假设油膜在无风条件下呈圆形扩展，采用下式：

$$D_t^3=D_0^3+\frac{24}{\pi}K(\gamma_w-\gamma_0)\frac{\gamma_0}{\gamma_w}V_0 t \quad (3\text{-}27)$$

式中：D_t——t 时刻后油膜的直径，m；

D_0——油膜初始时刻的直径，m；

γ_w、γ_0——水和石油的比重；

V_0——计算的溢油量，m^3；

K——常数，对中东原油一般取 15 000/min；

t——时间，min。

3.2.2.3　释放环境风险物质的扩散途径、涉及环境风险防控与应急措施、应急资源情况分析

对可能造成地表水、地下水和土壤污染的，分析环境风险物质从释放源头（环境风险单元），经厂界内到厂界外，最终影响到环境

风险受体的可能性、释放条件、排放途径，涉及环境风险与应急措施的关键环节，需要应急物资、应急装备和应急救援队伍情况。

对于可能造成大气污染的，依据风向、风速等分析环境风险物质少量泄漏和大量泄漏情况下，白天和夜间可能影响的范围，包括事故发生点周边的紧急隔离距离、事故发生地下风向人员防护距离。

3.2.2.4 突发环境事件危害后果分析

（1）风险值

风险值是风险评价表征量，包括事故的发生概率和事故的危害程度。定义为：

$$\text{风险值}\left(\frac{\text{后果}}{\text{时间}}\right)=\text{概率}\left(\frac{\text{事故数}}{\text{单位时间}}\right)\times\text{危害程度}\left(\frac{\text{后果}}{\text{每次事故}}\right) \quad (3\text{-}28)$$

（2）风险评价原则

大气环境风险评价，首先计算浓度分布，然后按《工作场所有害因素职业接触限值》（GBZ 2—2002）规定的短时间接触容许浓度给出该浓度分布范围及在该范围内的人口分布。

水环境风险评价，以水体中污染物浓度分布，包括面积及污染物质质点轨迹漂移等指标进行分析，浓度分布以对水生生态损害阈做比较。

对以生态系统损害为特征的事故风险评价，按损害的生态资源的价值进行比较分析，给出损害范围和损害值。

鉴于目前毒理学研究资料的局限性，风险值计算对急性死亡、非急性死亡的致伤、致残、致畸、致癌等慢性损害后果目前尚不计入。

（3）风险计算

后果综述用图或表综合列出有毒有害物质泄漏后所造成的多种

危害后果。

（4）危害计算

任一毒物泄漏，从吸入途径造成的效应包括：感官刺激或轻度伤害、确定性效应（急性致死）、随机性效应（致癌或非致癌等效致死率）。如前所述，这里只考虑急性危害。

毒性影响通常采用概率函数形式计算有毒物质从污染源到一定距离能造成死亡或伤害的经验概率的剂量。

概率 Y 与接触毒物浓度及接触时间的关系为：

$$Y = A_t + B_t \log_e [D^n \cdot t_e] \qquad (3\text{-}29)$$

式中：A_t、B_t 和 n 与毒物性质有关；

D——接触的浓度，kg/m^3；

t_e——接触时间，s；

$D^n \cdot t_e$——毒性负荷。

在一个已知点其毒性浓度随着雾团的通过和稀释而变化。

鉴于目前许多物质的 A_t、B_t、n 参数有限，因此在危害计算中仅选择对有成熟参数的物质按上述计算式进行详细计算。

在实际应用中，可用简化分析法，用 LC_{50} 浓度来求毒性影响。若事故发生后下风向某处，化学污染物 i 的浓度最大值 $D_{i\max}$ 大于或等于化学污染物 i 的半致死浓度 LC_{i50}，则事故导致评价区内因发生污染物致死确定性效应而致死的人数 C_i 由下式给出：

$$C_i = \sum_{\ln} 0.5N(X_{i\ln}, Y_{j\ln}) \qquad (3\text{-}30)$$

式中：$N(X_{i\ln}, Y_{j\ln})$——浓度超过污染物半致死浓度区域中的人数。

最大可信事故所有有毒有害物泄漏所致环境危害 C，为各种危害 C_i 总和：

$$C=\sum_{i=1}^{n}C_i \tag{3-31}$$

最大可信灾害事故对环境所造成的风险 R 按下式计算：

$$R=P\cdot C \tag{3-32}$$

式中：R——风险值；

P——最大可信事故概率（事件数/单位时间）；

C——最大可信事故造成的危害（损害/事件）。

风险评价需要从各功能单元的最大可信事故风险 R_j 中，选出危害最大的作为本项目的最大可信灾害事故，并以此作为风险可接受水平的分析基础。即：

$$R_{\max}=f(R_j) \tag{3-33}$$

（5）每种情景可能产生的直接、次生和衍生后果分析

从地表水、地下水、土壤、大气、人口、财产乃至社会等方面考虑并给出突发环境事件对环境风险受体的影响程度和范围，包括如需要疏散的人口数量，是否影响到饮用水水源地取水，是否造成跨界影响，是否影响生态敏感区生态功能，预估可能发生的突发环境事件级别等。

3.2.3 环境风险防控和应急措施差距分析

从以下五个方面对现有环境风险防控与应急措施的完备性、可靠性和有效性进行分析论证，找出差距、问题，提出需要整改的短期、中期和长期项目内容：

（1）环境风险管理制度

1）环境风险防控和应急措施制度是否建立，环境风险防控重点

岗位的责任人或责任机构是否明确，定期巡检和维护责任制度是否落实；

2）环评及批复文件的各项环境风险防控和应急措施要求是否落实；

3）是否经常对职工开展环境风险和环境应急管理宣传和培训；

4）是否建立突发环境事件信息报告制度，并有效执行。

（2）环境风险防控与应急措施

1）是否在废气排放口、废水、雨水和清洁下水排放口对可能排出的环境风险物质，按照物质特性、危害，设置监视、控制措施，分析每项措施的管理规定、岗位职责落实情况和措施的有效性；

2）是否采取防止事故排水、污染物等扩散、排出厂界的措施，包括截流措施、事故排水收集措施、清净下水系统防控措施、雨水系统防控措施、生产废水处理系统防控措施等，分析每项措施的管理规定、岗位职责落实情况和措施的有效性；

3）涉及毒性气体的，是否设置毒性气体泄漏紧急处置装置，是否已布置生产区域或厂界毒性气体泄漏监控预警系统，是否有提醒周边公众紧急疏散的措施和手段等，分析每项措施的管理规定、岗位责任落实情况和措施的有效性。

（3）环境应急资源

1）是否配备必要的应急物资和应急装备（包括应急监测）；

2）是否已设置专职或兼职人员组成的应急救援队伍；

3）是否与其他组织或单位签订应急救援协议或互救协议（包括应急物资、应急装备和救援队伍等情况）。

（4）历史经验教训总结

分析、总结历史上同类型企业或涉及相同环境风险物质的企业发生突发环境事件的经验教训，对照检查本单位是否有防止类似事件发生的措施。

（5）需要整改的短期、中期和长期项目内容

针对上述排查的每一项差距和隐患，根据其危害性、紧迫性和治理时间的长短，提出需要完成整改的期限，分别按短期（3 个月以内）、中期（3～6 个月）和长期（6 个月以上）列表说明需要整改的项目内容，包括：整改涉及的环境风险单元、环境风险物质、目前存在的问题（环境风险管理制度、环境风险防控与应急措施、应急资源）、可能影响的环境风险受体。

3.2.4 完善环境风险防控和应急措施的实施计划

针对需要整改的短期、中期和长期项目，分别制定完善环境风险防控和应急措施的实施计划。实施计划应明确环境风险管理制度、环境风险防控措施、环境应急能力建设等内容，逐项制定加强环境风险防控措施和应急管理的目标、责任人及完成时限。

每完成一次实施计划，都应将计划完成情况登记建档备查。

对于因外部因素致使企业不能排除或完善的情况，如环境风险受体的距离和防护等问题，应及时向所在地县级以上人民政府及其有关部门报告，并配合采取措施消除隐患。

3.2.5 企业突发环境事件风险等级

根据企业生产、使用、存储和释放的突发环境事件风险物质数量与其临界量的比值（Q），评估生产工艺过程与环境风险控制水平（M）以及环境风险受体敏感程度（E）的评估分析结果，分别评估企业突发大气环境事件风险和突发水环境事件风险，将企业突发大气或水环境事件风险等级划分为一般环境风险、较大环境风险和重大环境风险三级，分别用蓝色、黄色和红色标识。同时涉及突发大

气和水环境事件风险的企业，以等级高者确定企业突发环境事件风险等级。

企业下设位置毗邻的多个独立厂区，可按厂区分别评估风险等级，以等级高者确定企业突发环境事件风险等级并进行表征，也可分别表征为企业（某厂区）突发环境事件风险等级。

企业下设位置距离较远的多个独立厂区，分别评估确定各厂区风险等级，表征为企业（某厂区）突发环境事件风险等级。

企业突发环境事件风险分级程序见图 3-1。

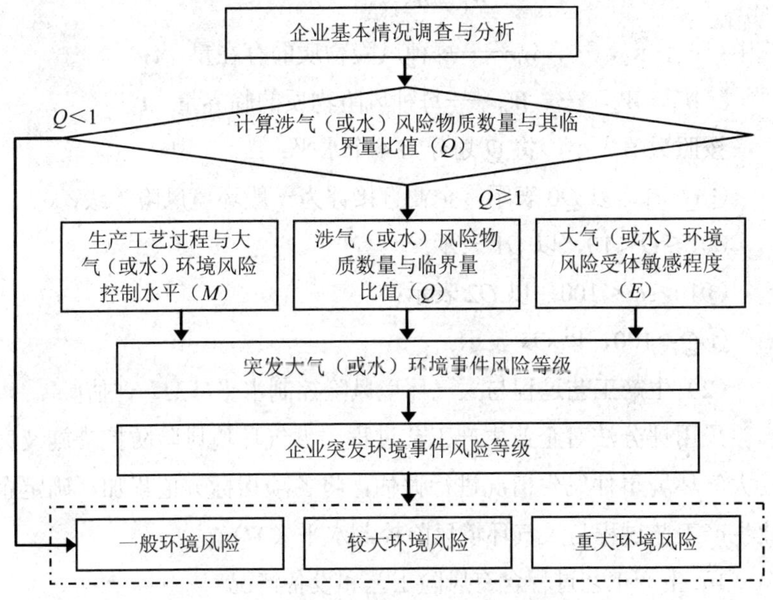

图 3-1　企业突发环境事件风险分级流程示意图

1．突发大气环境事件风险分级

（1）计算涉气风险物质数量与临界量比值（Q）

判断企业生产原料、产品、中间产品、副产品、催化剂、辅助生产物料、燃料、“三废”污染物等是否涉及大气环境风险物质（混合或稀释的风险物质按其组分比例折算成纯物质），计算涉气风险物质在厂界内的存在量（如存在量呈动态变化，则按年度内最大存在量计算）与其在附录 A 中临界量的比值 Q：

1）当企业只涉及一种风险物质时，该物质的数量与其临界量比值，即为 Q。

2）当企业存在多种风险物质时，则按式（3-34）计算：

$$Q=\frac{w_1}{W_1}+\frac{w_2}{W_2}+\cdots+\frac{w_n}{W_n} \tag{3-34}$$

式中：w_1，w_2，…，w_n——每种风险物质的存在量，t；

W_1，W_2，…，W_n——每种风险物质的临界量，t。

按照数值大小，将 Q 划分为 4 个水平：

①$Q<1$，以 $Q0$ 表示，企业直接评为一般环境风险等级；

②$1\leqslant Q<10$，以 $Q1$ 表示；

③$10\leqslant Q<100$，以 $Q2$ 表示；

④$Q\geqslant 100$，以 $Q3$ 表示。

（2）生产工艺过程与大气环境风险控制水平（M）评估

采用评分法对企业生产工艺过程、大气环境风险防控措施及突发大气环境事件发生情况进行评估，将各项指标分值累加，确定企业生产工艺过程与大气环境风险控制水平（M）。

1）生产工艺过程含有风险工艺和设备情况

对企业生产工艺过程含有风险工艺和设备情况的评估按照工艺单元进行，具有多套工艺单元的企业，对每套工艺单元分别评分并求和，该指标分值最高为 30 分。

表 3-2　企业生产工艺过程评估

评估依据	分值
涉及光气及光气化工艺、电解工艺（氯碱）、氯化工艺、硝化工艺、合成氨工艺、裂解（裂化）工艺、氟化工艺、加氢工艺、重氮化工艺、氧化工艺、过氧化工艺、胺基化工艺、磺化工艺、聚合工艺、烷基化工艺、新型煤化工工艺、电石生产工艺、偶氮化工艺	10/每套
其他高温或高压、涉及易燃易爆等物质的工艺过程[a]	5/每套
具有国家规定限期淘汰的工艺名录和设备[b]	5/每套
不涉及以上危险工艺过程或国家规定的禁用工艺/设备	0

注：a 高温指工艺温度≥300℃，高压指压力容器的设计压力 p≥10.0 MPa，易燃易爆等物质是指按照 GB 20576～GB 20602 所确定的化学物质；b 指《产业结构调整指导目录》中有淘汰期限的淘汰类落后生产工艺装备。

2）大气环境风险防控措施及突发大气环境事件发生情况

企业大气环境风险防控措施及突发大气环境事件发生情况评估指标见表 3-3。对各项评估指标分别评分、计算总和，各项指标分值合计最高为 70 分。

表 3-3　企业大气环境风险防控措施与突发大气环境事件发生情况评估

评估指标	评估依据	分值
毒性气体泄漏监控预警措施	①不涉及附录 A 中有毒有害气体的；或 ②根据实际情况，具备有毒有害气体（如硫化氢、氰化氢、氯化氢、光气、氯气、氨气、苯等）厂界泄漏监控预警系统的	0
	不具备厂界有毒有害气体泄漏监控预警系统的	25
符合防护距离情况	符合环评及批复文件防护距离要求的	0
	不符合环评及批复文件防护距离要求的	25
近 3 年内突发大气环境事件发生情况	发生过特别重大或重大等级突发大气环境事件的	20
	发生过较大等级突发大气环境事件的	15
	发生过一般等级突发大气环境事件的	10
	未发生突发大气环境事件的	0

3）企业生产工艺过程与大气环境风险控制水平

将企业生产工艺过程、大气环境风险防控措施及突发大气环境事件发生情况各项指标评估分值累加，得出生产工艺过程与大气环境风险控制水平值，按照表 3-4 划分为 4 个类型。

表 3-4 企业生产工艺过程与环境风险控制水平类型划分

生产工艺过程与环境风险控制水平值	生产工艺过程与环境风险控制水平类型
$M<25$	$M1$
$25\leqslant M<45$	$M2$
$45\leqslant M<65$	$M3$
$M\geqslant 65$	$M4$

（2）大气环境风险受体敏感程度（*E*）评估

大气环境风险受体敏感程度类型按照企业周边人口数进行划分。按照企业周边 5 km 或 500 m 范围内人口数将大气环境风险受体敏感程度划分为类型 1、类型 2 和类型 3 三种类型，分别以 $E1$、$E2$ 和 $E3$ 表示，见表 3-5。

表 3-5 大气环境风险受体敏感程度类型划分

敏感程度类型	大气环境风险受体
类型 1（$E1$）	企业周边 5 km 范围内居住区、医疗卫生机构、文化教育机构、科研单位、行政机关、企事业单位、商场、公园等人口总数 5 万人以上，或企业周边 500 m 范围内人口总数 1 000 人以上，或企业周边 5 km 涉及军事禁区、军事管理区、国家相关保密区域
类型 2（$E2$）	企业周边 5 km 范围内居住区、医疗卫生机构、文化教育机构、科研单位、行政机关、企事业单位、商场、公园等人口总数 1 万人以上、5 万人以下，或企业周边 500 m 范围内人口总数 500 人以上、1 000 人以下
类型 3（$E3$）	企业周边 5 km 范围内居住区、医疗卫生机构、文化教育机构、科研单位、行政机关、企事业单位、商场、公园等人口总数 1 万人以下，且企业周边 500 m 范围内人口总数 500 人以下

大气环境风险受体敏感程度按类型 1、类型 2 和类型 3 顺序依次降低。若企业周边存在多种敏感程度类型的大气环境风险受体，则按敏感程度高者确定企业大气环境风险受体敏感程度类型。

（3）突发大气环境事件风险等级确定

根据企业周边大气环境风险受体敏感程度（*E*）、涉气风险物质数量与临界量比值（*Q*）和生产工艺过程与大气环境风险控制水平（*M*），按照表 3-6 确定企业突发大气环境事件风险等级。

表 3-6　企业突发环境事件风险分级矩阵表

环境风险受体敏感程度（*E*）	风险物质数量与临界量比值（*Q*）	生产工艺过程与环境风险控制水平（*M*）			
		*M*1 类水平	*M*2 类水平	*M*3 类水平	*M*4 类水平
类型 1（*E*1）	1≤*Q*＜10（*Q*1）	较大	较大	重大	重大
	10≤*Q*＜100（*Q*2）	较大	重大	重大	重大
	Q≥100（*Q*3）	重大	重大	重大	重大
类型 2（*E*2）	1≤*Q*＜10（*Q*1）	一般	较大	较大	重大
	10≤*Q*＜100（*Q*2）	较大	较大	重大	重大
	Q≥100（*Q*3）	较大	重大	重大	重大
类型 3（*E*3）	1≤*Q*＜10（*Q*1）	一般	一般	较大	较大
	10≤*Q*＜100（*Q*2）	一般	较大	较大	重大
	Q≥100（*Q*3）	较大	较大	重大	重大

（4）突发大气环境事件风险等级表征

企业突发大气环境事件风险等级表征分为两种情况：

①*Q*＜1 时，企业突发大气环境事件风险等级表示为“一般-大气（*Q*0）”。

②*Q*≥1 时，企业突发大气环境事件风险等级表示为“环境风险等级-大气（*Q* 水平-*M* 类型-*E* 类型）”。

2．突发水环境事件风险分级

（1）计算涉水风险物质数量与临界量比值（Q）

判断企业生产原料、产品、中间产品、副产品、催化剂、辅助生产物料、“三废”污染物等是否涉及水环境风险物质，计算涉水风险物质（混合或稀释的风险物质按其组分比例折算成纯物质）与其临界量的比值 Q，计算方法同“计算涉气风险物质数量与临界量比值（Q）”部分。

（2）生产工艺过程与水环境风险控制水平（M）评估

采用评分法对企业生产工艺过程、水环境风险防控措施及突发水环境事件发生情况进行评估，将各项分值累加，确定企业生产工艺过程与水环境风险控制水平（M）。

1）生产工艺过程含有风险工艺和设备情况

同“突发大气环境事件风险分级”中“生产工艺过程含有风险工艺和设备情况”部分。

2）水环境风险防控措施及突发水环境事件发生情况

企业水环境风险防控措施及突发水环境事件发生情况评估指标见表 3-7。对各项评估指标分别评分、计算总和，各项指标分值合计最高为 70 分。

表 3-7　企业水环境风险防控措施及突发水环境事件发生情况评估

评估指标	评估依据	分值
截流措施	（1）环境风险单元设防渗漏、防腐蚀、防淋溶、防流失措施；且 （2）装置围堰与罐区防火堤（围堰）外设排水切换阀，正常情况下通向雨水系统的阀门关闭，通向事故存液池、应急事故水池、清净废水排放缓冲池或污水处理系统的阀门打开；且 （3）前述措施日常管理及维护良好，有专人负责阀门切换或设置自动切换设施，保证初期雨水、泄漏物和受污染的消防水排入污水系统	0

评估指标	评估依据	分值
截流措施	有任意一个环境风险单元（包括可能发生液体泄漏或产生液体泄漏物的危险废物贮存场所）的截流措施不符合上述任意一条要求的	8
事故废水收集措施	（1）按相关设计规范设置应急事故水池、事故存液池或清净废水排放缓冲池等事故排水收集设施，并根据相关设计规范、下游环境风险受体敏感程度和易发生极端天气情况，设计事故排水收集设施的容量；且 （2）确保事故排水收集设施在事故状态下能顺利收集泄漏物和消防水，日常保持足够的事故排水缓冲容量；且 （3）通过协议单位或自建管线，能将所收集废水送至厂区内污水处理设施处理	0
	有任意一个环境风险单元（包括可能发生液体泄漏或产生液体泄漏物的危险废物贮存场所）的事故排水收集措施不符合上述任意一条要求的	8
清净废水系统风险防控措施	（1）不涉及清净废水；或 （2）厂区内清净废水均可排入废水处理系统；或清污分流，且清净废水系统具有下述所有措施： ①具有收集受污染的清净废水的缓冲池（或收集池），池内日常保持足够的事故排水缓冲容量；池内设有提升设施或通过自流，能将所收集物送至厂区内污水处理设施处理；且 ②具有清净废水系统的总排口监视及关闭设施，有专人负责在紧急情况下关闭清净废水总排口，防止受污染的清净废水和泄漏物进入外环境	0
	涉及清净废水，有任意一个环境风险单元的清净废水系统风险防控措施不符合上述（2）要求的	8
雨水排水系统风险防控措施	（1）厂区内雨水均进入废水处理系统；或雨污分流，且雨水排水系统具有下述所有措施： ①具有收集初期雨水的收集池或雨水监控池；池出水管上设置切断阀，正常情况下阀门关闭，防止受污染的雨水外排；池内设有提升设施或通过自流，能将所收集物送至厂区内污水处理设施处理； ②具有雨水系统总排口（含泄洪渠）监视及关闭设施，在紧急情况下有专人负责关闭雨水系统总排口（含与清净废水共用一套排水系统情况），防止雨水、消防水和泄漏物进入外环境 （2）如果有排洪沟，排洪沟不得通过生产区和罐区，或具有防止泄漏物和受污染的消防水等流入区域排洪沟的措施	0
	不符合上述要求的	8

<table>
<tr><th>评估指标</th><th>评估依据</th><th>分值</th></tr>
<tr><td rowspan="2">生产废水处理系统风险防控措施</td><td>（1）无生产废水产生或外排；或
（2）有废水外排时：
①受污染的循环冷却水、雨水、消防水等排入生产废水系统或独立处理系统；
②生产废水排放前设监控池，能够将不合格废水送废水处理设施处理；
③如企业受污染的清净废水或雨水进入废水处理系统处理，则废水处理系统应设置事故水缓冲设施；
④具有生产废水总排口监视及关闭设施，有专人负责启闭，确保泄漏物、受污染的消防水、不合格废水不排出厂外</td><td>0</td></tr>
<tr><td>涉及废水外排，且不符合上述（2）中任意一条要求的</td><td>8</td></tr>
<tr><td rowspan="3">废水排放去向</td><td>无生产废水产生或外排</td><td>0</td></tr>
<tr><td>（1）依法获取污水排入排水管网许可，进入城镇污水处理厂；或
（2）进入工业废水集中处理厂；或
（3）进入其他单位</td><td>6</td></tr>
<tr><td>（1）直接进入海域或进入江、河、湖、库等水环境；或
（2）进入城市下水道再入江、河、湖、库或再进入海域；或
（3）未依法取得污水排入排水管网许可，进入城镇污水处理厂；或
（4）直接进入污灌农田或蒸发地</td><td>12</td></tr>
<tr><td rowspan="2">厂内危险废物环境管理</td><td>（1）不涉及危险废物的；或
（2）针对危险废物分区贮存、运输、利用、处置具有完善的专业设施和风险防控措施</td><td>0</td></tr>
<tr><td>不具备完善的危险废物贮存、运输、利用、处置设施和风险防控措施</td><td>10</td></tr>
<tr><td rowspan="4">近3年内突发水环境事件发生情况</td><td>发生过特别重大及重大等级突发水环境事件的</td><td>8</td></tr>
<tr><td>发生过较大等级突发水环境事件的</td><td>6</td></tr>
<tr><td>发生过一般等级突发水环境事件的</td><td>4</td></tr>
<tr><td>未发生突发水环境事件的</td><td>0</td></tr>
</table>

注：本表中相关规范具体指 GB 50483、GB 50160、GB 50351、GB 50747、SH 3015。

3）企业生产工艺过程与水环境风险控制水平

将企业生产工艺过程、水环境风险控制措施及突发水环境事件发生情况各项指标评估分值累加，得出生产工艺过程与水环境风险控制水平值，按照表 3-4 划分为 4 个类型。

（3）水环境风险受体敏感程度（*E*）评估

按照水环境风险受体敏感程度，同时考虑河流跨界的情况和可能造成土壤污染的情况，将水环境风险受体敏感程度类型划分为类型 1、类型 2 和类型 3，分别以 *E*1、*E*2 和 *E*3 表示，见表 3-8。

表 3-8　水环境风险受体敏感程度类型划分

敏感程度类型	水环境风险受体
类型 1（E1）	（1）企业雨水排口、清净废水排口、污水排口下游 10 km 流经范围内有如下一类或多类环境风险受体：集中式地表水、地下水饮用水水源保护区（包括一级保护区、二级保护区及准保护区）；农村及分散式饮用水水源保护区； （2）废水排入受纳水体后 24 h 流经范围（按受纳河流最大日均流速计算）内涉及跨国界的
类型 2（E2）	（1）企业雨水排口、清净废水排口、污水排口下游 10 km 流经范围内有生态保护红线划定的或具有水生态服务功能的其他水生态环境敏感区和脆弱区，如国家公园，国家级和省级水产种质资源保护区，水产养殖区，天然渔场，海水浴场，盐场保护区，国家重要湿地，国家级和地方级海洋特别保护区，国家级和地方级海洋自然保护区，生物多样性保护优先区域，国家级和地方级自然保护区，国家级和省级风景名胜区，世界文化和自然遗产地，国家级和省级森林公园，世界、国家和省级地质公园，基本农田保护区，基本草原； （2）企业雨水排口、清净废水排口、污水排口下游 10 km 流经范围内涉及跨省界的； （3）企业位于溶岩地貌、泄洪区、泥石流多发等地区
类型 3（E3）	不涉及类型 1 和类型 2 情况的

注：本表中规定的距离范围以到各类水环境保护目标或保护区域的边界为准。

水环境风险受体敏感程度按类型1、类型2和类型3顺序依次降低。若企业周边存在多种敏感程度类型的水环境风险受体，则按敏感程度高者确定企业水环境风险受体敏感程度类型。

（4）突发水环境事件风险等级确定

根据企业周边水环境风险受体敏感程度（E）、涉水风险物质数量与临界量比值（Q）和生产工艺过程与水环境风险控制水平（M），按照表5确定企业突发水环境事件风险等级。

（5）突发水环境事件风险等级表征

企业突发水环境事件风险等级表征分为两种情况：

①$Q<1$ 时，企业突发水环境事件风险等级表示为“一般-水（$Q0$）”。

②$Q\geqslant 1$ 时，企业突发水环境事件风险等级表示为“环境风险等级-水（Q水平-M类型-E类型）”。

3．企业突发环境事件风险等级确定与调整

（1）风险等级确定

以企业突发大气环境事件风险和突发水环境事件风险等级高者确定企业突发环境事件风险等级。

（2）风险等级调整

近三年内因违法排放污染物、非法转移处置危险废物等行为受到环境保护主管部门处罚的企业，在已评定的突发环境事件风险等级基础上调高一级，最高等级为重大。

（3）风险等级表征

只涉及突发大气环境事件风险的企业，风险等级按“突发大气环境事件风险等级表征”进行表征。

只涉及突发水环境事件风险的企业，风险等级按“突发水环境事件风险等级表征”进行表征。

同时涉及突发大气和水环境事件风险的企业，风险等级表示为“企业突发环境事件风险等级[突发大气环境事件风险等级表征+突发水环境事件风险等级表征]”，例如：重大[重大-大气（*Q*1-*M*3-*E*1）+较大-水（*Q*2-*M*2-*E*2）]。

3.3　尾矿库企业环境风险防控

尾矿库环境风险评估与等级划分是实现尾矿库分级分类管理的基础工作，也是提高尾矿库环境应急管理效率和水平的关键。科学开展尾矿库环境风险评估，全面调查分析尾矿库企业环境风险节点，并提出切实可行的防控措施，有利于提高尾矿库运行管理者对降低环境风险的主观能动性，为进一步完善尾矿库突发环境事件应急预案奠定了基础。

3.3.1　资料准备与环境风险识别

收集相关资料与信息，主要包括：环境影响评价文件及相关批复文件、设计文件、竣工验收文件、安全生产评价文件、环境监理报告、环境监测报告、特征污染物分析报告、应急预案、管理制度文件、日常运行台账等。

从尾矿库的类型、规模、周边环境敏感性、安全性、历史事件与环境违法情况五个方面，利用尾矿库环境风险预判表（表 3-9）对尾矿库环境风险进行初步分析，对于满足预判表中任何条件之一的尾矿库即认定为重点环境监管尾矿库，需要进一步开展后续的环境风险评估工作。非重点环境监管尾矿库只需开展风险预判工作，并记录风险预判过程和预判结果。

表 3-9 尾矿库环境风险预判表

<table>
<tr><td colspan="4">符合下列情形之一，列入重点环境监管尾矿库</td></tr>
<tr><td rowspan="2">类型</td><td colspan="2">矿种类型（包括主矿种、附属矿种）/尾矿（或尾矿水）成分类型</td><td>固体废物类型</td></tr>
<tr><td colspan="2">1.□相关的生产过程中使用了列入《重点环境管理危险化学品目录》的危险化学品
2.□重金属矿种：铜、镍、铅、锌、锡、锑、钴、汞、镉、铋、砷、铊、钒、铬、锰、钼
3.□贵金属矿种：金、银、铂族（铂、钯、铱、铑、锇、钌）
4.□轻有色金属矿种：铝（铝土）、镁、锶、钡
5.□稀土元素的矿种：钇、镧、铈、镨、钕、钷、钐、铕、钆、铽、镝、钬、铒、铥、镱、镥
6.□有色金属矿种：钨、钛
7.□非金属矿种：化工原料或化学矿
8.□涉及硫（包括主矿、共生矿）、磷（包括主矿、共生矿）
9.□涉及酸性岩矿种或产生酸性废液的矿种</td><td>10.□危险废物
11.□一般工业固体废物（Ⅱ类）</td></tr>
<tr><td>规模</td><td colspan="3">12.□尾矿库等别：四等及以上</td></tr>
<tr><td rowspan="2">周边环境敏感性</td><td>所处区域</td><td colspan="2">13.□处于国家重点生态功能区、国家禁止开发区域、水土流失重点防治区、沙化土地封禁保护区等
14.□处于江河源头区和重要水源涵养区</td></tr>
<tr><td>尾矿库下游评估范围内或者尾矿库输送管线、回水管线涉及穿越</td><td colspan="2">15.□涉及跨省级及以上行政区边界
16.□饮用水水源保护区、自来水厂取水口
17.□重要江、河、湖、库等大型水体
18.□重要湿地、天然林、珍稀濒危野生动植物天然集中分布区、重要水生生物的自然产卵场及索饵场、越冬场和洄游通道、天然渔场、资源性缺水地区、封闭及半封闭海域、富营养化水域等
19.□水产养殖区，且规模在 20 亩及以上
20.□下游涉及人口聚集区，且人口规模在 100 人及以上
21.□下游涉及自然保护区、风景名胜区、森林公园、地质公园、世界文化或自然遗产地，重点文物保护单位、以及其他具有特殊历史、文化、科学、民族意义的保护地等
22.□涉及基本农田保护区、基本草原、种植大棚，农产品基地等，且规模在 20 亩及以上
23.□涉及环境风险企业、二次环境污染源或风险源</td></tr>
</table>

安全性	24.□属于危库\险库\病库 25.□处于按《地质灾害危险性评估技术要求（试行）》评定为“危害性中等”或“危害性大”的区域 26.□处于地质灾害易灾区 27.□处于岩溶（喀斯特）地貌区 28.□已被相关部门鉴定为“三边库”“头顶库”的尾矿库
历史事件与环境违法情况	29.□近 3 年内发生过较大及以上等级的生产安全事故或突发环境事件 30.□近 3 年内存在恶意环境违法行为或因环境问题与周边存在纠纷

注：

（1）类型：指矿种类型（包括主矿种、附属矿种）/固体废物类型/尾矿（或尾矿水）成分类型，以环境危害大的计算。

（2）表中复选框“□”表示可以多选。

3.3.2　尾矿库环境风险分析

分析尾矿库环境风险预判、尾矿库环境风险等级划分结果及其风险特征，并对尾矿库环境危害性和控制机制可靠性的各项指标（表 3-13 至表 3-18）的得分进行分析，将得分大于等于 1 的指标，作为尾矿库突发环境事件危险因素，并标记在尾矿库平面示意图中。根据实际需要，也可以将其他指标或内容作为尾矿库突发环境事件危险因素。

根据对尾矿库现状调查与分析，结合现有环境风险防控措施的有效性，对可能发生的突发环境事件进行情景分析，并提出相应的对策建议。

3.3.3 尾矿库环境风险分析

对于重点环境监管尾矿库，在尾矿库环境风险评估准备、风险预判、风险等级划分的基础上，开展尾矿库环境风险分析及尾矿库环境安全隐患排查治理相关文件编制；并记录尾矿库环境风险评估的开展过程，总结尾矿库环境风险评估的相关工作内容，编制尾矿库环境风险评估报告。对于非重点环境监管尾矿库，只需记录环境风险预判开展过程。

3.3.4 尾矿库突发环境事件风险等级

利用层次分析法，从尾矿库的环境危害性（H）、周边环境敏感性（S）、控制机制可靠性（R）三方面进行评分，采用环境风险等级划分模型，将重点环境监管尾矿库环境风险划分为重大、较大、一般三个等级，并按规则进行环境风险等级表征。

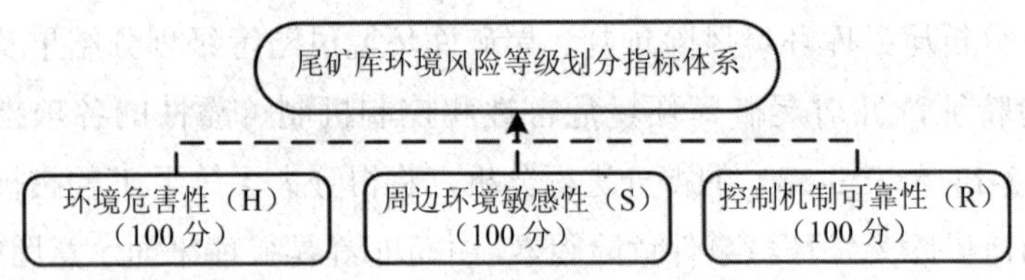

图 3-2 尾矿库环境风险等级划分指标体系

（1）环境危害性（H）

采用评分方法，对类型、性质和规模三方面（表 3-11）指标进行评分（各指标评分方法详见表 3-10）与累加求和，评估尾矿库环境危害性（H）。

表 3-10　尾矿库环境危害性指标评分表

<table>
<tr><th>指标因子</th><th>评分依据</th><th>评分</th></tr>
<tr><td rowspan="2">类型
（48 分）</td><td>1.□相关的生产过程中使用了列入《重点环境管理危险化学品目录》的危险化学品
2.□危险废物
3.□重金属矿种：铜、镍、铅、锌、锡、锑、钴、汞、镉、铋、砷、铊、钒、铬、锰、钼
4.□贵金属矿种(采用氰化物采选工艺)：金、银、铂族（铂、钯、铱、铑、锇、钌）
5.□有色金属矿种：钨</td><td>48</td></tr>
<tr><td>6.□一般工业固体废物（Ⅱ类）
7.□贵金属矿种（采用无氰化物采选工艺)：金、银、铂族（铂、钯、铱、铑、锇、钌）
8.□轻有色金属矿种：铝（铝土)、镁、锶、钡
9.□稀土元素的矿种：钇、镧、铈、镨、钕、钷、钐、铕、钆、铽、镝、钬、铒、铥、镱、镥
10.□稀有金属矿种：铌、钽、铍、锆、锶、铷、锂、铯</td><td>24</td></tr>
<tr><td rowspan="2">类型
（48 分）</td><td>11.□稀散元素矿种：锗、镓、铟、铪、铼、钪、硒、碲
12.□有色金属矿种：钛
13.□非金属矿种：化工原料或化学矿
14.□涉及硫（包括主矿、共生矿)、磷（包括主矿、共生矿）
15.□涉及酸性岩矿种或产生酸性废液的矿种</td><td>24</td></tr>
<tr><td>16.□一般工业固体废物（Ⅰ类）
17.□黑色金属矿种：铁
18.□轻有色金属矿种：钠、钾、钙
19.□非金属矿种：冶金辅助原料矿
20.□非金属矿种：建材原料矿
21.□非金属矿种：黏土、轻质材料、耐火材料非金属矿
22.□非金属矿种：特种非金属矿
23.□非金属矿种：能源矿种
24.□非金属矿种：其他非金属矿种</td><td>0</td></tr>
</table>

<table>
<tr><th colspan="4">指标因子</th><th>评分依据</th><th>评分</th></tr>
<tr><td rowspan="12">性质（28分）</td><td rowspan="12">特征污染物指标浓度情况（28分）</td><td rowspan="8">浓度倍数情况（22分）</td><td rowspan="5">pH 值（8 分）</td><td>1.○（0，4]</td><td>8</td></tr>
<tr><td>2.○（4，6]</td><td>6</td></tr>
<tr><td>3.○（6，9]</td><td>0</td></tr>
<tr><td>4.○（9，11]</td><td>5</td></tr>
<tr><td>5.○（11，14]</td><td>7</td></tr>
<tr><td rowspan="3">指标最高浓度倍数（14 分）</td><td>1.○5 项及以上</td><td>14</td></tr>
<tr><td>2.○2 至 4 项</td><td>7</td></tr>
<tr><td>3.○1 项</td><td>0</td></tr>
<tr><td colspan="2" rowspan="4">浓度倍数 3 倍及以上的指标项数（6 分）</td><td>1.○5 项及以上</td><td>6</td></tr>
<tr><td>2.○2 至 4 项</td><td>4</td></tr>
<tr><td>3.○1 项</td><td>2</td></tr>
<tr><td>4.○无</td><td>0</td></tr>
<tr><td rowspan="5">规模（24分）</td><td colspan="3" rowspan="5">现状库容（24 分）</td><td>1.○大于等于 3 000 万 m^3</td><td>24</td></tr>
<tr><td>2.○大于等于 1 000 万 m^3，小于 3 000 万 m^3</td><td>18</td></tr>
<tr><td>3.○大于等于 100 万 m^3，小于 1000 万 m^3</td><td>12</td></tr>
<tr><td>4.○大于等于 20 万 m^3，小于 100 万 m^3</td><td>6</td></tr>
<tr><td>5.○小于 20 万 m^3</td><td>0</td></tr>
</table>

注：

（1）类型：指矿种类型（包括主矿种、附属矿种）/固体废物类型/尾矿（或尾矿水）成分类型，以环境危害大的计算。

（2）特征污染物浓度倍数：指特征污染物的实测浓度与该特征污染物的排放标准或质量标准（排放标准优先）的比值。取样于尾矿库库区积液、库区渗滤液或输送管中的水样品，以排在前面的优先。

（3）指标最高浓度倍数：指所有特征污染物指标浓度倍数的最大值。

（4）表中复选框“□”表示可以多选，按其中最高得分计算；单选框“○”表示只能单选。

表 3-11　尾矿库环境危害性（H）等别划分指标体系

<table>
<tr><th>序号</th><th colspan="5">指标项目</th><th>指标分值</th></tr>
<tr><td>1</td><td rowspan="5">尾矿库环境危害性</td><td>类型</td><td colspan="3">矿种类型/固体废物类型/尾矿（或尾矿水）成分类型</td><td>48</td></tr>
<tr><td>2</td><td rowspan="3">性质</td><td rowspan="3">特征污染物指标浓度情况</td><td rowspan="2">浓度倍数情况</td><td>pH 值</td><td>8</td></tr>
<tr><td>3</td><td>指标最高浓度倍数</td><td>14</td></tr>
<tr><td>4</td><td colspan="2">浓度倍数 3 倍及以上指标项数</td><td>6</td></tr>
<tr><td>5</td><td>规模</td><td colspan="3">现状库容</td><td>24</td></tr>
</table>

依据尾矿库环境危害性等别划分表（表 3-12），将环境危害性（H）划分为 H1、H2、H3 三个等别。

表 3-12　尾矿库环境危害性（H）等别划分表

尾矿库环境危害性得分（D_H）	尾矿库环境危害性等别代码
$D_H>60$	H1
$30<D_H\leqslant 60$	H2
$D_H\leqslant 30$	H3

（2）周边环境敏感性（S）

采用评分方法，对尾矿库下游涉及的跨界情况、周边环境风险受体情况、周边环境功能类别情况三方面（表 3-14）指标进行评分（各指标评分方法详见表 3-13）与累加求和，评估尾矿库周边环境敏感性（S）。

表 3-13 尾矿库周边环境敏感性指标评分表

<table>
<tr><th colspan="2">指标因子</th><th>评分依据</th><th>评分</th></tr>
<tr><td rowspan="9">下游涉及的跨界情况（24 分）</td><td rowspan="5">涉及跨界类型（18 分）</td><td>1.○国界</td><td>18</td></tr>
<tr><td>2.○省界</td><td>12</td></tr>
<tr><td>3.○市界</td><td>6</td></tr>
<tr><td>4.○县界</td><td>3</td></tr>
<tr><td>5.○其他</td><td>0</td></tr>
<tr><td rowspan="4">涉及跨界距离（6 分）</td><td>1.○2 km 及以内</td><td>6</td></tr>
<tr><td>2.○2 km 以外，5 km 及以内</td><td>4</td></tr>
<tr><td>3.○5 km 以外，10 km 及以内</td><td>2</td></tr>
<tr><td>4.○10 km 以外</td><td>0</td></tr>
<tr><td>周边环境风险受体情况（54 分）</td><td>所在区域</td><td>1.□处于国家重点生态功能区、国家禁止开发区域、水土流失重点防治区、沙化土地封禁保护区等
2.□处于江河源头区和重要水源涵养区</td><td>54</td></tr>
<tr><td rowspan="2">周边环境风险受体情况（54 分）</td><td rowspan="2">尾矿库下游涉及水环境风险受体</td><td>3.□服务人口 1 万人及以上的饮用水水源保护区或自来水厂取水口</td><td>54</td></tr>
<tr><td>4.□服务人口 2 000 人及以上的饮用水水源保护区或自来水厂取水口
5.□重要湿地、天然林、珍稀濒危野生动植物天然集中分布区、重要水生生物的自然产卵场及索饵场、越冬场和洄游通道、天然渔场、资源性缺水地区、封闭及半封闭海域、富营养化水域等
6.□流量大于等于 15 m^3/s 的河流
7.□面积大于等于 2.5 km^2 的湖泊或水库
8.□水产养殖 100 亩及以上
9.□服务人口 2 000 人以下的饮用水水源保护区或自来水厂取水口
10.□流量小于 15 m^3/s 的河流
11.□面积小于 2.5 km^2 的湖泊或水库
12.□水产养殖 100 亩以下</td><td>36</td></tr>
</table>

<table>
<tr><th colspan="3">指标因子</th><th colspan="2">评分依据</th><th>评分</th></tr>
<tr><td colspan="3" rowspan="2">周边环境风险受体情况（54 分）</td><td rowspan="2">尾矿库下游涉及其他类型风险受体</td><td>13.□人口聚集区：累计人口 2 000 人及以上</td><td>54</td></tr>
<tr><td>14.□人口聚集区：累计人口 2 000 人以下，200 人及以上
15.□国家级（或 4A 级及以上）的自然保护区、风景名胜区、森林公园、地质公园、世界文化或自然遗产地，重点文物保护单位、以及其他具有特殊历史、文化、科学、民族意义的保护地等
16.□国家基本农田、基本草原、种植大棚、农产品基地等 1 000 亩及以上
17.□重大环境风险企业或重大二次环境污染源、风险源</td><td>36</td></tr>
<tr><td colspan="3" rowspan="3">周边环境风险受体情况（54 分）</td><td>尾矿库下游涉及其他类型风险受体</td><td>18.□人口聚集区：累计人口 200 人以下
19.□涉及省级及以下（或 4A 级以下）：自然保护区、风景名胜区、森林公园、地质公园、世界文化或自然遗产地，重点文物保护单位、以及其他具有特殊历史、文化、科学、民族意义的保护地等
20.□国家基本农田、基本草原、种植大棚、农产品基地等 1 000 亩以下
21.□一般、较大环境风险企业或其他二次环境污染源、风险源</td><td>18</td></tr>
<tr><td rowspan="2">尾矿库输送管线、回水管线涉及穿越</td><td>22.□服务人口在 2 000 人及以上的饮用水水源保护区、自来水厂取水口</td><td>36</td></tr>
<tr><td>23.□规模在 100 亩及以上的水产养殖区
24.□江、河、湖、库等大型水体</td><td>18</td></tr>
<tr><td rowspan="9">周边环境功能类别（22 分）</td><td rowspan="9">水环境（15 分）</td><td rowspan="9">下游水体（9 分）</td><td rowspan="5">地表水</td><td>1.○地表水：一类</td><td rowspan="2">9</td></tr>
<tr><td>2.○地表水：二类</td></tr>
<tr><td>3.○地表水：三类</td><td>6</td></tr>
<tr><td>4.○地表水：四类</td><td>3</td></tr>
<tr><td>5.○地表水：五类</td><td>0</td></tr>
<tr><td rowspan="4">□海水（不涉及海水则不计算该项）</td><td>1.○海水：一类</td><td>9</td></tr>
<tr><td>2.○海水：二类</td><td>6</td></tr>
<tr><td>3.○海水：三类</td><td>3</td></tr>
<tr><td>4.○海水：四类</td><td>0</td></tr>
</table>

指标因子			评分依据	评分
		地下水（6分）	1.○地下水：一类	6
			2.○地下水：二类	
			3.○地下水：三类	4
			4.○地下水：四类	2
			5.○地下水：五类	0
	土壤环境（4分）		1.○土壤：一类	4
			2.○土壤：二类	3
			3.○土壤：三类	1
	大气环境（3分）		1.○大气：一类	3
			2.○大气：二类	1.5
			3.○大气：三类	0

注：

（1）下游涉及的跨界情况：指沿着尾矿库事故后污染物的可能流向 10 km 评估范围（根据实际情况可以适当扩大评估距离）内存在行政区边界的情况。如果涉及多种类型，以等级最高的行政区边界进行计算。

（2）周边环境风险受体情况：包括 1）“所在区域”敏感性情况；2）“尾矿库下游涉及水环境风险受体”敏感性情况；3）“尾矿库下游涉及其他类型风险受体”敏感性情况；4）“尾矿库输送管线、回水管线涉及穿越”敏感性情况共计 4 方面 24 种的情形。评估时需要综合考虑这 4 方面情况，取其中得分最高的作为最后“周边环境风险受体情况”的得分。

（3）下游水体：主要考虑地表水。如果下游同时还涉及海水，则评估时需综合“地表水”“海水”两方面得分，取其中得分最高的作为最后“下游水体”方面得分。

（4）一般、较大、重大环境风险源企业：指依据《企业突发环境事件风险评估指南（试行）》评估具有一般、较大、重大环境风险等级的企业。

（5）重大二次环境污染源、风险源：指尾矿库下游可能危及的，依据当地地方相关标准、文件或其他行业标准被划分为具有重大等级的环境污染源或风险源。

（6）其他二次环境污染源、风险源：指尾矿库下游可能危及的，依据当地地方相关标准、文件或其他行业标准被划分为具有除重大等级之外的其他等级的环境污染源或风险源。

（7）周边环境风险受体情况评分时：如果涉及多种情况，则按最高分计算。

（8）表中复选框“□”表示可以多选，按其中最高得分计算；单选框“○”表示只能单选。

表 3-14 尾矿库周边环境敏感性（S）等别划分指标体系

<table>
<tr><th>序号</th><th colspan="5">指标项目</th><th>分值</th></tr>
<tr><td>1</td><td rowspan="8">尾矿库周边环境敏感性</td><td rowspan="2">下游涉及的跨界情况</td><td colspan="3">涉及跨界类型</td><td>18</td></tr>
<tr><td>2</td><td colspan="3">涉及跨界距离</td><td>6</td></tr>
<tr><td>3</td><td colspan="4">周边环境风险受体情况</td><td>54</td></tr>
<tr><td>4</td><td rowspan="5">周边环境功能类别情况</td><td rowspan="3">水环境</td><td rowspan="2">下游水体</td><td>○地表水</td><td rowspan="2">9</td></tr>
<tr><td>5</td><td>○海水</td></tr>
<tr><td>6</td><td colspan="2">地下水</td><td>6</td></tr>
<tr><td>7</td><td colspan="3">土壤环境</td><td>4</td></tr>
<tr><td>8</td><td colspan="3">大气环境</td><td>3</td></tr>
</table>

依据尾矿库周边环境敏感性等别划分表（表 3-15），将周边环境敏感性（S）划分为 S1、S2、S3 三个等别。

表 3-15 尾矿库周边环境敏感性（S）等别划分表

尾矿库周边环境敏感性得分（D_s）	尾矿库周边环境敏感性（S）等别代码
$D_s>60$	S1
$30<D_s\leqslant 60$	S2
$D_s\leqslant 30$	S3

（3）控制机制可靠性（R）

采用评分方法，对尾矿库的基本情况、自然条件情况、生产安全情况、环境保护情况和历史事件情况五方面（表 3-16）指标进行评分（表 3-17）与累加求和，评估尾矿库控制机制可靠性（R）。

表 3-16　尾矿库控制机制可靠性（R）等别划分指标体系

序号	指标项目					指标分值
1	尾矿库控制机制可靠性	基本情况	堆存	堆存种类		1.5
2				堆存方式		1
3				坝体透水情况		2
4			输送	输送方式		1.5
5				输送量		1
6				输送距离		1.5
7			回水	回水方式		1
8				回水量		0.5
9				回水距离		1
10			防洪	库外截洪设施		2
11				库内排洪设施		2
12		自然条件情况	是否处于按《地质灾害危险性评估技术要求（试行）》评定为“危害性中等”或“危害性大”的区域，或者处于地质灾害易灾区、岩溶（喀斯特）地貌区			9
13		生产安全情况	尾矿库安全度等别			15
14		环境保护情况	环保审批	是否通过“三同时”验收		8
15			污染防治	水排放情况		3
16				防流失情况		1.5
17				防渗漏情况		2.5
18				防扬散情况		1.5
19			环境应急	环境应急设施	事故应急池建设情况	5
20					输送系统环境应急设施建设情况	2
21					回水系统环境应急设施建设情况	1.5
22				环境应急预案		6.5
23				环境应急资源		2
24				环境监测预警与日常检查	监测预警	2
25					日常检查	2
26				环境安全隐患排查与治理	环境安全隐患排查	3
27					环境安全隐患治理	2.5
28			环境违法与环境纠纷情况	近三年来是否存在环境违法行为或与周边存在环境纠纷		7
29		历史事件情况	近三年来发生事故或事件情况（包括安全和环境方面）	事件等级		8
30				事件次数		3

表 3-17 尾矿库控制机制可靠性指标评分表

指标因子			评分依据	评分
基本情况（15分）	堆存（4.5分）	堆存种类（1.5分）	1.○混合多用途：多种不同类型的尾矿或固体废物、废水的排放场所	1.5
			2.○单一用途：仅一种类型尾矿或固体废物、废水的排放场所	0
		堆存方式（1分）	1.○湿法堆存	1
			2.○干法堆存	0
		坝体透水情况（2分）	1.○透水坝，无渗滤液收集设施	2
			2.○透水坝，但有渗滤液收集设施	1
			3.○不透水坝	0
	输送（4分）	输送方式（1.5分）	1.○沟槽+自流（无人为加压）	1.5
			2.○管道输送+泵站加压	1
			3.○管道输送+自流（无人为加压）	0.5
			4.○车辆运输 5.○传送带运输	0
		输送量（1分）	1.○大于等于 10 000 m³/d	1
			2.○大于等于 1 000 m³/d，小于 10 000 m³/d	0.5
			3.○小于 1 000 m³/d	0
		输送距离（1.5分）	1.○大于等于 10 km	1
			2.○大于等于 2 km 而小于 10 km	0.75
			3.○小于 2 km	0
	回水（2.5分）（仅在有回水系统时计算该项）	回水方式（1分）	1.○沟槽+自流（无人为加压）	1
			2.○管道输送+泵站加压	0.5
			3.○管道输送+自流（无人为加压）	0
		回水量（0.5分）	1.○大于等于 10 000 m³/d	0.5
			2.○大于等于 1 000 m³/d，小于 10 000 m³/d	0.25
			3.○小于 1 000 m³/d	0
		回水距离（1分）	1.○大于等于 10 km	1
			2.○大于等于 2 km 而小于 10 km	0.5
			3.○小于 2 km	0
	防洪（4分）	库外截洪设施（2分）	1.○无	2
			2.○有，雨污不分流	1
			3.○有，雨污分流	0
		库内排洪设施（2分）	1.○无	2
			2.○有，作为日常尾矿水排放或回水通道	1
			3.○有，仅作为排洪通道	0

<table>
<tr><th colspan="3">指标因子</th><th colspan="2">评分依据</th><th>评分</th></tr>
<tr><td colspan="3" rowspan="4">自然条件情况（9分）</td><td rowspan="2">1.○开展了地质灾害危险性评估</td><td>1-A.○危害性中等或危害性较大</td><td>9</td></tr>
<tr><td>1-B.○危害性小</td><td>0</td></tr>
<tr><td rowspan="2">2.○未开展地质灾害危险性评估</td><td>2-A.○处于地质灾害易灾区或岩溶（喀斯特）地貌区</td><td>9</td></tr>
<tr><td>2-B.○不处于地质灾害易灾区或岩溶（喀斯特）区地貌区</td><td>0</td></tr>
<tr><td rowspan="4">生产安全情况（15分）</td><td colspan="2" rowspan="4">尾矿库安全度等别（15分）</td><td colspan="2">1.○危库</td><td>15</td></tr>
<tr><td colspan="2">2.○险库</td><td>11</td></tr>
<tr><td colspan="2">3.○病库</td><td>7</td></tr>
<tr><td colspan="2">4.○正常库</td><td>0</td></tr>
<tr><td rowspan="12">环境保护情况（50分）</td><td rowspan="2">环保审批（8分）</td><td rowspan="2">是否通过“三同时”验收（8分）</td><td colspan="2">1.○否</td><td>8</td></tr>
<tr><td colspan="2">2.○是</td><td>0</td></tr>
<tr><td rowspan="10">污染防治（8.5分）</td><td rowspan="4">水排放情况（3分）</td><td colspan="2">1.○不达标排放</td><td>3</td></tr>
<tr><td colspan="2">2.○达标排放，但不满足总量控制要求</td><td>1.5</td></tr>
<tr><td colspan="2">3.○达标排放，且满足总量控制要求</td><td>0.75</td></tr>
<tr><td colspan="2">4.○不对外排放尾矿水或渗滤液等</td><td>0</td></tr>
<tr><td rowspan="2">防流失情况（1.5分）</td><td colspan="2">1.○不符合环评等相关要求</td><td>1.5</td></tr>
<tr><td colspan="2">2.○符合环评等相关要求</td><td>0</td></tr>
<tr><td rowspan="2">防渗漏情况（2.5分）</td><td colspan="2">1.○不符合环评等相关要求</td><td>2.5</td></tr>
<tr><td colspan="2">2.○符合环评等相关要求</td><td>0</td></tr>
<tr><td rowspan="2">防扬散情况（1.5分）</td><td colspan="2">1.○不符合环评等相关要求</td><td>1.5</td></tr>
<tr><td colspan="2">2.○符合环评等相关要求</td><td>0</td></tr>
</table>

<table>
<tr><th colspan="3">指标因子</th><th colspan="2">评分依据</th><th>评分</th></tr>
<tr><td rowspan="15">环境保护情况（50分）</td><td rowspan="15">环境应急（26.5分）</td><td rowspan="9">环境应急设施（8.5分）</td><td rowspan="3">事故应急池建设情况（5分）</td><td>1.○无</td><td>5</td></tr>
<tr><td>2.○有,但不符合环评等相关要求</td><td>3</td></tr>
<tr><td>3.○有，且符合环评等相关要求</td><td>0</td></tr>
<tr><td rowspan="3">输送系统环境应急设施建设情况（2分）（如果采用车辆运输，则不计算该项）</td><td>1.○无</td><td>2</td></tr>
<tr><td>2.○有,但不符合环评等相关要求</td><td>1</td></tr>
<tr><td>3.○有，且符合环评等相关要求</td><td>0</td></tr>
<tr><td rowspan="3">回水系统环境应急设施建设情况（1.5分）（仅在有回水系统时计算该项）</td><td>1.○无</td><td>1.5</td></tr>
<tr><td>2.○有,但不符合环评等相关要求</td><td>1</td></tr>
<tr><td>3.○有，且符合环评等相关要求</td><td>0</td></tr>
<tr><td colspan="3">环境应急预案（6.5分）</td><td>6.5</td></tr>
<tr><td colspan="3">环境应急资源（2分）</td><td>2</td></tr>
<tr><td colspan="2" rowspan="2">环境监测预警与日常检查（4分）</td><td>监测预警（2分）</td><td>2</td></tr>
<tr><td>日常检查（2分）</td><td>2</td></tr>
<tr><td colspan="2" rowspan="2">环境安全隐患排查与治理（5.5分）</td><td>环境安全隐患排查（3分）</td><td>3</td></tr>
<tr><td>环境安全隐患治理（2.5分）</td><td>2.5</td></tr>
<tr><td rowspan="2"></td><td rowspan="2">环境违法与环境纠纷情况（7分）</td><td colspan="2" rowspan="2">近三年来是否存在环境违法行为或与周边存在环境纠纷（7分）</td><td>1.○是</td><td>7</td></tr>
<tr><td>2.○否</td><td>0</td></tr>
</table>

指标因子			评分依据	评分
历史情况（11分）	近三年来发生事故或事件情况（包括安全和环境方面）（11分）	事件等级（8分）	1.○发生过重大、特大事故	8
			2.○发生过较大事故	6
			3.○发生过一般事故	4
			4.○无	0
		事件次数（3分）	1.○2次及以上	3
			2.○1次	1.5
			3.○0次	0

注：表中单选框“○”表示只能单选。

依据尾矿库控制机制可靠性等别划分表（见表3-18），将控制机制可靠性（R）划分为R1、R2、R3三个等别。

表3-18　尾矿库控制机制可靠性（R）等别划分表

尾矿库控制机制可靠性（D_R）	尾矿库环境危害性（R）等别代码
$D_R>60$	R1
$30<D_R\leqslant 60$	R2
$D_R\leqslant 30$	R3

（4）环境风险等级划分

综合尾矿库环境危害性（H）、周边环境敏感性（S）、控制机制可靠性（R）三方面的等别，对照尾矿库环境风险等级划分矩阵（表3-19），将尾矿库环境风险划分为重大、较大、一般三个等级。

表 3-19　尾矿库环境风险等级划分矩阵

序号	情形			环境风险等级
	环境危害性（H）	周边环境敏感性（S）	控制机制可靠性（R）	
1	H1	S1	R1	重大
2			R2	重大
3			R3	较大
4		S2	R1	重大
5			R2	较大
6			R3	较大
7		S3	R1	重大
8			R2	较大
9			R3	一般
10	H2	S1	R1	重大
11			R2	较大
12			R3	较大
13		S2	R1	较大
14			R2	一般
15			R3	一般
16		S3	R1	一般
17			R2	一般
18			R3	一般
19	H3	S1	R1	较大
20			R2	较大
21			R3	一般
22		S2	R1	一般
23			R2	一般
24			R3	一般
25		S3	R1	一般
26			R2	一般
27			R3	一般

（5）环境风险等级表征

尾矿库环境风险等级可表征为“环境风险等级（环境危害性等别代码+周边环境敏感性等别代码+控制机制可靠性等别代码）”。例如：环境危害性为 H1 类、周边环境敏感性为 S2 类、控制机制可靠性为 R3 类的尾矿库环境风险等级可表征为“较大（H1S2R3）”。

3.4 区域环境风险防控

市县两级政府应当充分调查辖区内生产、使用、存储或释放涉及突发环境事件风险物质的企业，存储和装卸环境风险物质的港口码头，环境风险物质内陆水运及道路运输载具，尾矿库，石油天然气开采设施，集中式污水处理厂，危险废物经营单位，集中式垃圾处理设施，加油站，加气站，石油天然气及成品油长输管道等环境风险，进一步分析环境风险的分布状况和可能造成的影响，形成地市级和区县级行政区域突发环境事件风险评估报告，有效强化区域环境风险管理（图 3-3）。

3.4.1 资料准备

围绕环境风险源、环境风险受体、环境风险防控与应急救援能力等因素开展行政区域环境风险评估基础资料收集，主要包括：①行政区域环境功能区划与空间布局；②水环境风险受体、大气环境风险受体、生态保护红线信息；③行政区域各类环境风险源突发环境事件应急预案（以下简称环境应急预案）、环境风险评估报告；④针对未开展环境风险评估和环境应急预案编制的环境风险源，收集基本信息、环境风险物质存储量与运输量等；⑤行政区域经济水平；⑥行政区域环境风险防控与应急救援能力，环境应急资源现状与需求等。

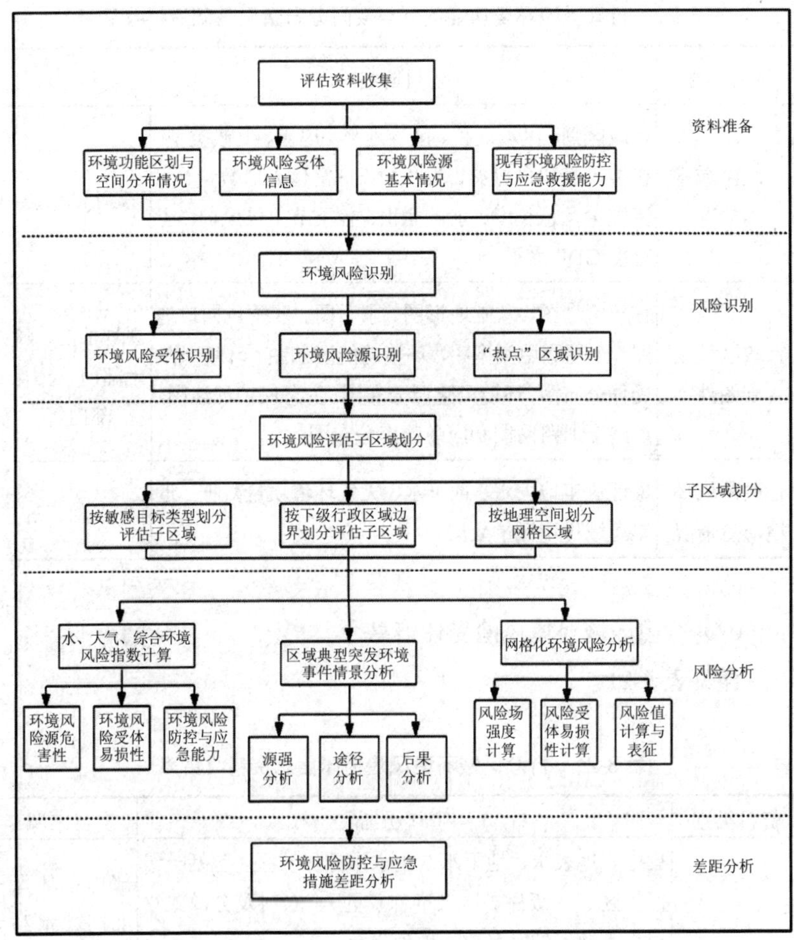

图 3-3　行政区域突发环境事件风险评估程序

（1）行政区域环境功能区划与空间分布情况

详见表 3-20。

表 3-20 行政区域环境功能区划与空间分布情况基础资料收集表

资料类别	资料明细	资料来源
行政区域基本情况	行政区划、区域面积、区域地形、地貌、气候类型、极端天气和自然灾害发生情况、常住人口数量、河流数量及总长度、水域面积、各季节主导风向、上年度 GDP 水平	统计部门等
行政区域基础图件	行政区划图、基础地形图、水系图、四季风向玫瑰图、土地利用类型图、环境功能区划图、环境风险受体分布图、环境风险源分布图、生态保护红线图、道路交通路网图和应急物资分布图	规划部门、国土部门、环保部门等
行政区域环境质量情况	最近五年地表水、地下水、大气环境质量数据、近岸海域环境质量数据	环保部门等

（2）行政区域环境风险受体信息

详见表 3-21。

表 3-21 行政区域环境风险受体信息资料收集表

资料类别	资料明细	资料来源
水环境风险受体情况	集中式地表水、地下水饮用水水源保护区（包括一级保护区、二级保护区及准保护区）、农村及分散式饮用水水源保护区名称、地理坐标； 饮用水水源取水口和农灌引水口名称、地理坐标； 水产种质资源保护区的名称、地理坐标、等级； 水产养殖区、天然渔场、海水浴场、盐场保护区的名称、地理坐标； 跨（国家、省和市）界断面名称、地理坐标； 生态保护红线划定或具有生态服务功能的其他水生态环境敏感区和脆弱区	部门：环保部门、水利部门、住建部门等 资料：各类环境风险源的环境应急预案及环境风险评估报告

资料类别	资料明细	资料来源
大气环境风险受体情况	居民区名称、人口数量、地理坐标； 医疗卫生机构名称、等级、地理坐标； 文化教育机构名称、人口数量、地理坐标； 科研机构名称、员工数量、地理坐标； 行政机关和企事业单位名称、人员数量、地理坐标； 商场和公园名称、客流量、地理坐标； 军事禁区、军事管理区、国家相关保密区域名称和地理坐标； 机场、火车站、客运码头等重要基础设施名称、旅客运输数量、地理坐标	部门：环保部门、规划部门、国土部门等 资料：各类环境风险源的环境应急预案及环境风险评估报告
生态保护红线情况	行政区域生态保护红线划定报告（提取重点生态功能区、生态环境敏感区和脆弱区分布与面积信息）	部门：环保部门等

（3）行政区域环境风险源基本情况

水环境风险源是指可能向水环境释放环境风险物质的各类环境风险源；大气环境风险源是指可能向大气环境释放环境风险物质的各类环境风险源。以清单方式列出各类环境风险源，统计各类环境风险源数量，收集各类环境风险源的环境风险评估报告和环境应急预案，提取信息，详见表 3-22。

表 3-22　环境风险源基本信息收集表

资料类别	资料明细	资料来源
环境风险企业	地理坐标、环境风险等级、污染物排放去向、环境风险物质种类与数量、可能造成的突发环境事件类别、近五年突发环境事件发生数量	部门：环保部门、经信部门等 资料：环境应急预案及环境风险评估报告
涉及环境风险物质装卸运输的港口码头	地理坐标、环境风险物质吞吐量、污染物排放去向、可能造成的突发环境事件级别、近五年突发环境事件发生数量	部门：环保部门、交通部门、公安部门、港口管理部门、经信部门等 资料：环境应急预案及环境风险评估报告

资料类别	资料明细	资料来源
涉及环境风险物质运输的道路及水路运输载具	运输路线数量、地理坐标、经过的环境功能区类型、环境风险物质运输能力、可能造成的突发环境事件级别、近五年突发环境事件发生数量	部门：环保部门、交通部门、公安部门、经信部门等 资料：环境应急预案及环境风险评估报告
尾矿库	地理坐标、环境风险等级、可能造成的突发环境事件级别、近五年突发环境事件发生数量	部门：环保部门、国土部门、经信部门、市政部门等 资料：环境应急预案及环境风险评估报告
石油天然气开采设施	地理坐标、石油天然气开采量、可能造成的突发环境事件级别、近五年突发环境事件发生数量	
加油站及加气站	地理坐标、各类油气最大存储量、可能造成的突发环境事件级别、近五年突发环境事件发生数量	
集中式污水处理厂	地理坐标、污染物排放量、可能造成的突发环境事件级别	
集中式垃圾处理设施	地理坐标、污染物排放量、垃圾处理量、垃圾处理方式、可能造成的突发环境事件级别、近五年突发环境事件发生数量	
危险废物经营单位	地理坐标、危险废物处理数量、可能造成的突发环境事件级别、近五年突发环境事件发生数量	
行政区域石油天然气及成品油长输管道	管线穿越的环境功能区类型、地理坐标、过境量，可能造成的突发环境事件级别、近五年突发环境事件发生数量	

（4）行政区域现有环境风险防控与应急救援能力

包括现有区域环境监测预警能力、污染物拦截与应急处理处置能力、环境应急救援能力，详见表 3-23。

表 3-23　现有环境风险防控与应急救援能力信息收集表

<table>
<tr><th>资料类别</th><th>资料明细</th><th>资料来源</th></tr>
<tr><td>环境监测情况</td><td>环境质量监测点位及特征环境风险物质监测点位布设、监测设备、监测频率、主要监测污染物种类；
环境监测机构及人员情况</td><td rowspan="2">环保部门等</td></tr>
<tr><td>固定源环境风险管理</td><td>环境风险源的突发环境事件隐患排查情况；
环境风险评估开展率与环境应急预案备案率</td></tr>
<tr><td>移动源环境风险管理</td><td>移动源 GPS 设备配置情况；
移动源运输路线是否为危险货物运输专用路线</td><td>交通部门等</td></tr>
<tr><td>区域环境应急管理</td><td>突发环境事件监测预警措施；
环境应急人员数量（企业层面和区域层面）；
政府和部门环境应急预案编制情况与应急演练频次；
企业与政府各类环境应急资源情况（环境应急物资的储备种类与数量、应急队伍建设情况）；
环境应急决策支持系统建设及运行情况；
环境应急监测机构及队伍能力建设情况；
环境应急专家队伍与救援队伍建设情况；
环境应急物资库与信息库建设情况；
环境应急技术储备情况；
环境应急资金投入情况</td><td rowspan="3">环保部门、交通部门、财政部门、卫生部门、水利部门、消防部门、安监部门等</td></tr>
<tr><td>环境应急救援能力</td><td>河流闸坝设置情况；
通过拦截、稀释、导流、物化反应等应急处理处置方式防止水体污染扩大的措施；
可能受有毒有害气体影响的人员疏散方案</td></tr>
<tr><td>环境应急联动机制</td><td>部门之间环境应急联动机制建立情况；
与周边行政区域的环境应急联动机制建立情况</td></tr>
</table>

3.4.2 环境风险识别

（1）环境风险受体识别

根据上述收集整理的环境风险受体相关资料，列表说明水环境风险受体、大气环境风险受体基本情况，包括受体类别、名称、地理坐标以及规模等信息。以水系图、行政区划图为基础，分别绘制水环境风险受体分布图、大气环境风险受体分布图。

（2）环境风险源识别

根据上述收集整理的环境风险源相关资料，列表说明水环境风险源、大气环境风险源基本情况，包括风险源类别、名称、地理坐标、规模、主要环境风险物质名称和数量以及风险等级等信息。以水系图、行政区划图为基础，分别绘制水环境风险源分布图、大气环境风险源分布图。

（3）“热点”区域识别

对水和大气环境风险源、环境风险受体分布图进行叠加分析，初步判断水环境风险、大气环境风险以及综合环境风险“热点”区域（即分布相对集中的区域）。针对“热点”区域，列表说明环境风险类型、主要环境风险源以及环境风险受体信息。

3.4.3 环境风险评估子区域划分

（1）按敏感目标类型划分评估子区域

对于受外来环境风险源影响较大的行政区域，可按敏感目标类型划分环境风险评估子区域，包括突发水环境事件风险评估子区域、突发大气环境事件风险评估子区域和综合环境风险评估区域。

1）突发水环境、大气环境事件风险评估子区域。根据环境风险受体识别结果，利用地理信息系统缓冲区分析功能，围绕每一个环境风险受体，按照特定规则分别绘制缓冲区；对重叠的缓冲区进行叠加，分别形成突发水环境、大气环境事件风险评估子区域。缓冲区绘制原则见表 3-24。

表 3-24　缓冲区绘制原则

环境风险受体类别	水体缓冲区	大气缓冲区
水环境风险受体： 乡镇及以上集中式饮用水水源保护区； 跨（国家、省和市）界断面； 海洋； 生态保护红线划定或具有水生态服务功能的其他水生态环境敏感区和脆弱区	行政区域内上游流域汇水区作为缓冲区； 水环境风险受体上游 10 km 跨行政区域的，以上游 10 km 流域汇水区作为缓冲区；跨国界的，以出境断面上游 24 h 流经范围（按最大日均流速计算）的汇水区作为缓冲区	—
大气环境风险受体： 人口密度超过评估区域平均人口密度的居民区、医院、学校等	—	以 5 km 为半径的区域作为缓冲区； 若为山谷、盆地等复杂地形，则按照实际情况划定

2）综合环境风险评估区域。水环境风险评估子区域、大气环境风险评估子区域和地市或区县行政边界叠加的区域为综合环境风险评估区域。综合环境风险评估区域仅有一个，水环境风险评估子区域和大气环境风险评估子区域可有多个。

评估子区域包含了其他行政区域 50%以上辖区面积，应商请其他行政区域或请示上级主管部门协调开展评估资料的收集工作，或由上级主管部门将这些区域作为一个整体开展跨区域环境风险评估。

跨省界大江大河的水环境风险评估，建议由相关省（自治区、直辖市）联合开展。

（2）按下级行政区域边界划分评估子区域

在不考虑跨界影响的情况下，可按照评估区域的下级行政区域边界划分评估子区域，直接计算每个下级行政区域的风险指数，并进行比较和排序。例如，一个有 10 个区县的地级市开展环境风险评估，可以按照区县行政边界划分成 10 个评估子区域。

（3）按地理空间划分网格区域

对于资料数据充分、环境风险源和受体地理坐标较为精确的行政区域，可以按照地理空间将评估区域划分为若干网格区域，以网格为单元进行区域环境风险分析。网格精度可根据评估区域大小和实际需求确定，原则上网格不应大于 5 km×5 km，建议按照 1 km×1 km 划分网格。

3.4.4 区域环境风险分析

（1）环境风险指数计算法

1）计算过程

环境风险指数计算法（以下简称指数法）、包括水环境风险指数计算、大气环境风险指数计算和综合环境风险指数计算，是在资料准备和环境风险识别的基础上，参照表 3-25 分别确定水、大气、综合环境风险指标，对环境风险源强度指数（S）、环境风险受体脆弱性指数（V）、环境风险防控与应急能力指数（M）的各项指标分别打分并加和，得出指数值；使用式（3-34）、式（3-35）、式（3-36）计算得出环境风险指数（R）；按照表 3-26、表 3-27、表 3-28 判定环境风险等级。工作程序见图 3-4。

指数法适用于对区域环境风险总体水平进行分析。

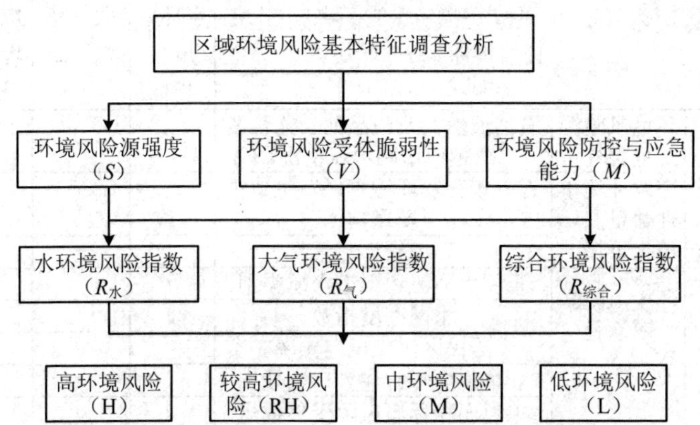

图 3-4 行政区域突发环境事件风险等级划分程序

表 3-25 总指标体系

评估指标			水环境风险指标	大气环境风险指标	综合环境风险指标
环境风险源强度（S）	环境风险源危害性	单位面积环境风险企业数量	√	√	√
		单位面积环境风险物质存量与临界量的比值	√	√	√
		环境风险等级为较大以上环境风险企业所占百分比	√	√	√
		评估区域港口码头数量*	√	√	√
		港口码头危险化学品吞吐量*	√	√	√
		港口码头单位时间内危险化学品最大存储量*	√	√	√
		道路运输危险化学品数量	√	√	√
		内陆水运危险化学品数量*	√		√
		环境风险等级为较大及以上的尾矿库数量*	√		√
		石油天然气开采设施数量*	√	√	√

评估指标			水环境风险指标	大气环境风险指标	综合环境风险指标
环境风险源强度（S）	环境风险源危害性	石油天然气及成品油长输管线跨越或影响区域情况*	√	√	√
	突发环境事件数量及环境投诉情况	近五年突发环境事件发生数量及影响	√	√	√
		环境投诉数量			√
环境风险受体脆弱性（V）	环境风险暴露途径	重要水体流通渠道水质类别	√		√
		水网密度指数	√		√
		居民区污染风向频率		√	√
	环境风险受体易损性	单位面积常住人口数量			√
		单位面积环境风险受体数量	√	√	√
		乡镇及以上集中式饮用水水源地数量	√		√
		乡镇及以上集中式饮用水水源地服务人口数量	√		√
	环境风险受体恢复性	人均 GDP 水平	√	√	√
环境风险防控与应急能力（M）	行政区域环境风险防控能力建设	监测预警能力	√	√	√
		污染物拦截、稀释和处置能力	√		√
	行政区域环境应急能力建设	环境应急预案编制情况	√	√	√
		单位企业环境应急人员数量	√	√	√
环境风险防控与应急能力（M）	行政区域环境应急能力建设	应急物资储备情况	√	√	√
		环境应急决策支持			√
		应急监测能力	√	√	√

注：1. 标“*”为特色指标，各地可结合实际进行指标的选择和剔除，未做标注的为通用指标，是开展评估的必要指标。

2. 利用表3-25至表3-28计算行政区域突发环境事件风险指数的前提是评估区域内的环境风险企业、尾矿库均开展了企业环境风险评估，确定了环境风险等级。对于未确定环境风险等级的企业、尾矿库，可采用类比的方式确定等级后进行计算。

3. 若评估区域中不存在表3-25至表3-28突发环境事件风险评估指标体系中提及的特色环境风险源类型，可将该评估指标剔除，将剔除的指标权重均分至与该指标同级别的其他指标。此外，评估区域可以根据自身环境风险特征和近年来突发环境事件类型，筛选本区域重点关注的环境风险源，在指数计算中将其权重分值进行适度提升。

表 3-23 环境风险源强度（S）分析指标

序号	评估指标	数据来源	水环境风险			大气环境风险			综合环境风险		
			指标说明	情况	分值	指标说明	情况	分值	指标说明	情况	分值
1	单位面积环境风险企业数量	环保部门，企业环境风险评估报告	评估区域中涉水环境风险企业数量与评估区域面积的比值，单位：个/km^2	＞0.5	7	评估区域中涉气环境风险企业数量与评估区域面积的比值，单位：个/km^2	＞0.5	10	评估区域中环境风险企业数量与评估区域面积的比值，单位：个/km^2	＞1	7
				（0.05，0.5]	5		（0.05，0.5]	7		（0.1，1]	5
				（0.005，0.05]	3		（0.005，0.05]	4		（0.01，0.1]	3
				[0，0.005]	0		[0，0.005]	0		[0，0.01]	0
2	单位面积环境风险物质存量与临界量的比值	环保部门，企业环境风险评估报告	评估区域内各个涉水环境风险企业中环境风险物质的数量与临界量的比值加和后除以评估区域面积	＞50	7	评估区域内各个涉气环境风险企业中环境风险物质的数量与临界量的比值加和后除以评估区域面积	＞50	10	评估区域内各个环境风险企业中环境风险物质的数量与临界量的比值加和后除以评估区域面积	＞100	7
				（25，50]	3		（25，50]	5		（50，100]	3
				≤25	0		≤25	0		≤50	0

序号	评估指标	数据来源	水环境风险			大气环境风险			综合环境风险		
			指标说明	情况	分值	指标说明	情况	分值	指标说明	情况	分值
3	较大以上环境风险企业所占百分比	环保部门，企业环境风险评估报告	依据企业环境风险等级划分相关文件，等级为较大、重大的涉水环境风险企业数量占评估区域所有环境风险企业数量的百分数	＞50	6	依据企业环境风险等级划分相关文件，等级为较大、重大的涉气环境风险企业数量占评估区域所有环境风险企业数量的百分数	＞50	5	依据企业环境风险等级划分相关文件，等级为较大、重大的环境风险企业数量占评估区域所有环境风险企业数量的百分数	＞65	6
				(20，50]	4		(20，50]	3		(30，65]	4
				(10，20]	2		(10，20]	1		(15，30]	2
				≤10	0		≤10	0		≤15	0

序号	评估指标	数据来源	水环境风险			大气环境风险			综合环境风险		
			指标说明	情　况	分值	指标说明	情　况	分值	指标说明	情　况	分值
4	港口码头数量	港口管理部门	评估区域内涉及危险化学品装卸、暂存的港口码头（涉水）数量，单位：个	≥2	5	评估区域内涉及危险化学品装卸、暂存的港口码头（涉气）数量，单位：个	≥2	5	评估区域内涉及危险化学品装卸、暂存的港口码头数量，单位：个	>2	5
				1	3		1	3		2	3
										1	1
				0	0		0	0		0	0
5	港口码头危险化学品吞吐量	港口管理部门	评估区域内涉水港口码头危险化学品吞吐量，可组织各个危险化学品港口码头填报数据，再进行汇总。单位：万 t	>50	5	评估区域内涉气港口码头危险化学品吞吐量，可组织各个危险化学品港口码头填报数据，再进行汇总。单位：万 t	>50	5	评估区域内港口码头危险化学品吞吐量，可组织各个危险化学品港口码头填报数据，再进行汇总。单位：万 t	>500	5
				（30，50]	3		（30，50]	3		（250，500]	3
				（10，30]	1		（10，30]	1		（100，250]	1
				≤10	0		≤10	0		≤100	0

序号	评估指标	数据来源	水环境风险			大气环境风险			综合环境风险		
			指标说明	情况	分值	指标说明	情况	分值	指标说明	情况	分值
6	港口码头危险化学品最大存储量	港口管理部门	评估区域内涉水港口码头危险化学品最大存储量（实际存量），可组织各个危险化学品港口码头填报数据，再进行汇总。单位：万t	＞0.5	5	评估区域内涉气港口码头危险化学品最大存储量（实际存量），可组织各个危险化学品港口码头填报数据，再进行汇总。单位：万t	＞0.5	5	评估区域内港口码头危险化学品最大存储量（实际存量），可组织各个危险化学品港口码头填报数据，再进行汇总。单位：万t	＞0.5	5
				(0.3，0.5]	3		(0.3，0.5]	3		(0.3，0.5]	3
				(0.1，0.3]	1		(0.1，0.3]	1		(0.1，0.3]	1
				≤0.1	0		≤0.1	0		≤0.1	0

序号	评估指标	数据来源	水环境风险			大气环境风险			综合环境风险		
			指标说明	情况	分值	指标说明	情况	分值	指标说明	情况	分值
7	道路年运输危险化学品数量	交通部门	评估区域内每年以道路运输方式运输的危险化学品数量（涉水），单位：万t	＞300	15	评估区域内每年以道路运输方式运输的危险化学品数量（涉气），单位：万t	＞300	30	评估区域内每年以道路运输方式运输的危险化学品数量，单位：万t	＞300	15
				（30，300]	9		（30，300]	18		（30，300]	9
				（3，30]	3		（3，30]	6		（3，30]	3
				≤3	0		≤3	0		≤3	0
8	内陆水运危险化学品数量	海事部门	评估区域内每年以内陆水路运输方式运输的危险化学品数量，单位：万t	＞200	15	—	—	—	评估区域内每年以内陆水路运输方式运输的危险化学品数量，单位：万t	＞200	15
				（20，200]	9					（20，200]	9
				（2，20]	3					（2，20]	3
				≤2	0					≤2	0

序号	评估指标	数据来源	水环境风险			大气环境风险			综合环境风险		
			指标说明	情况	分值	指标说明	情况	分值	指标说明	情况	分值
9	环境风险等级为较大及以上的尾矿库数量	环保部门	依据《尾矿库环境风险评估技术导则（试行）》，等级为较大、重大的尾矿库数量（涉水），单位：座	≥3	5	—	—	—	依据《尾矿库环境风险评估技术导则（试行）》，等级为较大、重大的尾矿库数量，单位：座	＞5	5
				2	3					[3，5]	3
				1	1					[1，2]	1
				无	0					无	0
10	石油天然气开采设施数量	工信部门	评估区域内有无石油天然气开采设施（涉水）	有	5	评估区域内有无石油天然气开采设施（涉气）	有	5	评估区域内石油天然气开采设施数量，单位：套	＞100	5
				无	0		无	0		[30，100]	3
										＜30	0

序号	评估指标	数据来源	水环境风险			大气环境风险			综合环境风险		
			指标说明	情况	分值	指标说明	情况	分值	指标说明	情况	分值
11	石油天然气及成品油长输管线跨越区域情况	安监部门	评估区域内石油天然气及成品油长输管线跨越或影响的区域环境特征。影响区域是指根据《压力管道定期检验规则——长输（油气）管道》（TSGD 7003—2010）计算出的管道事故后果严重区和潜在影响半径（涉水）	跨越Ⅰ类、Ⅱ类地表水水域环境功能区和保护目标	5	评估区域内石油天然气及成品油长输管线跨越的区域环境特征（涉气）	跨越人口集中区	5	评估区域内石油天然气及成品油长输管线跨越或影响的区域环境特征。影响区域是指根据《压力管道定期检验规则——长输（油气）管道》（TSGD 7003—2010）计算出的管道事故后果严重区和潜在影响半径	跨越Ⅰ类、Ⅱ类地表水水域环境功能区和保护目标或人口集中区	5
				跨越Ⅲ类、Ⅳ类地表水水域环境功能区和保护目标	3		未跨越人口集中区	1		跨越Ⅲ类、Ⅳ类地表水水域环境功能区和保护目标	3
				跨越Ⅴ类、劣Ⅴ类地表水水域环境功能区和保护目标	1					跨越Ⅴ类、劣Ⅴ类地表水水域环境功能区和保护目标	1

序号	评估指标	数据来源	水环境风险			大气环境风险			综合环境风险		
			指标说明	情　况	分值	指标说明	情　况	分值	指标说明	情　况	分值
12	近五年突发环境事件发生数量及影响	环保部门	参照《国家突发环境事件应急预案》，评估区域内近五年突发水环境事件发生数量及影响	突发水环境事件数量≥1且较大及以上等级的突发水环境事件发生数量≥1	20	参照《国家突发环境事件应急预案》，评估区域内近五年突发大气环境事件发生数量及影响	突发大气环境事件数量≥1且较大及以上等级的突发大气环境事件发生数量≥1	20	参照《国家突发环境事件应急预案》，评估区域内近五年突发环境事件发生数量及影响	突发环境事件数量≥2，且较大及以上等级的突发环境事件数量≥1	10
				突发水环境事件数量≥1，无较大及以上等级的突发水环境事件	10		突发大气环境事件数量≥1，无较大及以上等级的突发大气环境事件	10		突发环境事件数量≥1，无较大及以上等级的突发环境事件	5
				无突发水环境事件发生	0		无突发大气环境事件发生	0		无突发环境事件发生	0

序号	评估指标	数据来源	水环境风险			大气环境风险			综合环境风险		
			指标说明	情　况	分值	指标说明	情　况	分值	指标说明	情　况	分值
13	环境投诉数量	环保部门	—	—	—	—	—	—	评估区域上一年度因环境问题来信、来访、电话及网络投诉总数，单位：件	＞300	10
										[201，300]	7
										[100，200]	4
										＜100	0

表 3-27 环境风险受体脆弱性（V）分析指标

序号	评估指标	数据来源	水环境风险			大气环境风险			综合环境风险		
			指标说明	情况	分值	指标说明	情况	分值	指标说明	情况	分值
1	重要水体流通渠道水质类别	水利部门、农业部门、环保部门	河道、湖泊水质类别，如Ⅰ类、Ⅱ类、Ⅲ类、Ⅳ类、Ⅴ类、劣Ⅴ类（若存在多个水质类别，取高值）	Ⅰ类、Ⅱ类	15	—	—	—	河道、湖泊水质类别，如Ⅰ类、Ⅱ类、Ⅲ类、Ⅳ类、Ⅴ类、劣Ⅴ类（若存在多个水质类别，取高值）	Ⅰ类、Ⅱ类	10
				Ⅲ类、Ⅳ类	7					Ⅲ类、Ⅳ类	5
				Ⅴ类、劣Ⅴ类	0					Ⅴ类、劣Ⅴ类	0
2	水网密度指数	环保部门	参照《生态环境状况评价技术规范》	＞50	15	—	—	—	参照《生态环境状况评价技术规范》	＞50	10
				（25，50]	7					（25，50]	5
				[0，25]	0					[0，25]	0

序号	评估指标	数据来源	水环境风险			大气环境风险			综合环境风险		
			指标说明	情　况	分值	指标说明	情　况	分值	指标说明	情　况	分值
3	居民区污染风频	环保部门、气象部门、规划部门	—	—	—	人口密度超过评估区域平均人口密度的居民区，5 km 范围内其上风向为工业区的风频，若存在多个风频则取高值	＞20%	40	人口密度超过评估区域平均人口密度的居民区，5 km 范围内其上风向为工业区的风频，若存在多个风频则取高值	＞20%	10
							（13%，20%]	26		（13%，20%]	7
							[5%，13%]	13		[5%，13%]	4
							＜5%	0		＜5%	0
4	单位面积常住人口数量（人/km^2）	统计部门	—	—	—	—	—	—	常住人口数量与评估区域总面积的比值，单位：人/km^2	＞1 500	10
										（1 000，1 500]	7
										[500，1 000]	4
										＜500	0

序号	评估指标	数据来源	水环境风险			大气环境风险			综合环境风险		
			指标说明	情况	分值	指标说明	情况	分值	指标说明	情况	分值
5	单位面积环境风险受体数量（个/km^2）	环保部门	单位面积中水环境风险受体数量，单位：个/km^2	≥0.5	15	单位面积中大气环境风险受体数量，单位：个/km^2	≥0.5	40	单位面积中环境风险受体数量，单位：个/km^2	≥0.5	20
				[0.1，0.5）	10		[0.1，0.5）	26		[0.1，0.5）	14
				[0.01，0.1）	5		[0.01，0.1）	13		[0.01，0.1）	8
				<0.01	0		<0.01	0		<0.01	0
6	乡镇及以上集中式饮用水水源地数量	地方政府、环保部门	提供居民生活及公共服务用水的水源地的个数，包括河流、湖泊、水库等，单位：个	>10	15	—	—	—	提供居民生活及公共服务用水的水源地的个数，包括河流、湖泊、水库等，单位：个	>10	10
				[5，10]	10					[5，10]	7
				[1，4]	5					[1，4]	4
				0	0					0	0

序号	评估指标	数据来源	水环境风险			大气环境风险			综合环境风险		
			指标说明	情况	分值	指标说明	情况	分值	指标说明	情况	分值
7	乡镇及以上集中式饮用水水源地服务人口数量	地方政府	以乡镇及以上饮用水水源地为取水来源的人口数量，单位：万人	＞10	20	—	—	—	以乡镇及以上集中式饮用水水源地为取水来源的人口数量，单位：万人	＞100	10
				[7，10]	14					[50，100]	7
				[3，7）	8					[30，50）	4
				＜3	0					＜30	0
8	人均GDP水平	统计部门	评估子区域所在地市或区县上一年度GDP与当地常住人口数量的比值，单位：万元/人	＜3	20	评估区域所在地市或区县上一年度GDP与当地常住人口数量的比值，单位：万元/人	＜3	20	评估区域所在地市或区县上一年度GDP与当地常住人口数量的比值，单位：万元/人	＜3	20
				[3，5）	14		[3，5）	14		[3，5）	14
				[5，10）	8		[5，10）	8		[5，10）	8
				≥10	0		≥10	0		≥10	0

表 3-28 环境风险防控与应急能力（M）分析指标

序号	评估指标	数据来源	水环境风险			大气环境风险			综合环境风险		
			指标说明	情况	分值	指标说明	情况	分值	指标说明	情况	分值
1	监测预警能力	环保部门	评估区域内，通过设置水环境应急监测点位预测预警突发水环境事件的能力	未设置应急监测、环境质量监测点位	20	评估区域内，涉及有毒有害气体环境风险企业是否安装有毒有害气体预警装置	50%以下的涉及有毒有害气体环境风险企业安装有毒有害气体预警装置	20	评估区域内，通过设置水环境应急监测点位预测预警突发水环境事件的能力以及涉及有毒有害气体环境风险企业安装有毒有害气体预警装置	未设置水环境应急监测点位，50%以下的涉及有毒有害气体环境风险企业安装有毒有害气体预警装置	20
				仅设置环境质量监测点位	10		50%以上、80%以下的涉及有毒有害气体环境风险企业安装有毒有害气体预警装置	10		设置水环境应急监测点位，50%以上、80%以下的涉及有毒有害气体环境风险企业安装有毒有害气体预警装置	10
				设置应急监测及环境质量监测点位	0		80%以上的涉及有毒有害气体环境风险企业安装有毒有害气体预警装置	0		设置水环境应急监测点位，80%以上的涉及有毒有害气体环境风险企业安装有毒有害气体预警装置	0

序号	评估指标	数据来源	水环境风险			大气环境风险			综合环境风险		
			指标说明	情　况	分值	指标说明	情　况	分值	指标说明	情　况	分值
2	污染物的拦截、稀释和处置能力	政府应急部门	当突发环境事件发生时，评估区域内通过筑坝、导流等方式对污染物的拦截能力；通过上游调水降低水体中污染物浓度的能力；通过物化处理、吸附等方式对污染物就地处置或异地处置能力	拦截、导流、稀释及物理化学处理能力皆不具备	20	—	—	—	当突发环境事件发生时，评估区域内通过筑坝、导流等方式对污染物的拦截能力；通过上游调水降低水体中污染物浓度的能力；通过物化处理、吸附等方式对污染物就地处置或异地处置能力	拦截、导流、稀释及物理化学处理能力皆不具备	20
				具备拦截、导流、稀释及物理化学处理其中任意一种能力	10					具备拦截、导流、稀释及物理化学处理其中任意一种能力	10
				具备拦截、导流、稀释及物理化学处理其中任意两种能力	0					具备拦截、导流、稀释及物理化学处理其中任意两种能力	0

序号	评估指标	数据来源	水环境风险			大气环境风险			综合环境风险		
			指标说明	情况	分值	指标说明	情况	分值	指标说明	情况	分值
3	环境应急预案编制情况	政府应急部门	评估区域内是否具有专项环境应急预案；政府环境应急预案和部门环境应急预案有无相关内容	无专项应急预案，在部门和政府预案中无相关内容	15	评估区域内是否具有专项环境应急预案；政府环境应急预案和部门环境应急预案有无相关内容	无专项应急预案，在部门和政府预案中无相关内容	20	评估区域内是否具有完整预案体系，包括政府环境应急预案和部门环境应急预案等	无任何应急预案	10
				无专项应急预案，在部门应急预案或政府应急预案中有相关内容	8		无专项应急预案，在部门应急预案或政府应急预案中有相关内容	10		无政府应急预案，有部门应急预案或有政府应急预案，无部门应急预案	5
				有专项应急预案	0		有专项应急预案	0		既有政府应急预案，又有部门应急预案	0

序号	评估指标	数据来源	水环境风险			大气环境风险			综合环境风险		
			指标说明	情　况	分值	指标说明	情　况	分值	指标说明	情　况	分值
4	环境应急决策支持	环境应急部门	—	—	—	—	—	—	是否成立环境应急专门机构或部门（环境应急中心或具有相关职能的部门）；是否建立突发环境事件应急专家组	未成立环境应急专门机构或部门，未建立突发环境事件应急专家组	15
										已成立环境应急专门机构或部门，但未建立突发环境事件应急专家组	7
										已成立环境应急专门机构或部门，已建立突发环境事件应急专家组	0

序号	评估指标	数据来源	水环境风险			大气环境风险			综合环境风险		
			指标说明	情况	分值	指标说明	情况	分值	指标说明	情况	分值
5	环境应急人员数量	环境应急部门	评估区域内环境应急人员数量，主要参照全国环保部门环境应急能力建设标准中人员规模、人员学历和培训上岗率要求进行评估。选取与评估子区域所属行政区域级别匹配的标准进行评估	不达标	15	评估区域内环境应急人员数量，主要参照全国环保部门环境应急能力建设标准中人员规模、人员学历和培训上岗率要求进行评估。选取与评估子区域所属行政区域级别匹配的标准进行评估	不达标	20	评估区域内环境应急人员数量，主要参照全国环保部门环境应急能力建设标准中人员规模、人员学历和培训上岗率要求进行评估。选取与评估子区域所属行政区域级别匹配的标准进行评估	不达标	10
				三级	6		三级	8		三级	4
				二级	3		二级	4		二级	2
				一级	0		一级	0		一级	0

序号	评估指标	数据来源	水环境风险			大气环境风险			综合环境风险		
			指标说明	情况	分值	指标说明	情况	分值	指标说明	情况	分值
6	应急物资储备情况	环境应急部门	评估区域内突发水环境事件应急物资实物储备、协议储备、生产能力储备情况及其他区域内应急物资储备信息，是否满足事件应急需求	本地物资不能满足事件应急需求，无其他区域物资储备信息	15	评估区域内突发大气环境事件应急物资实物储备、协议储备、生产能力储备情况，是否满足事件应急需求	本地物资不能满足事件应急需求，无其他区域物资储备信息	20	评估区域内突发环境事件应急物资实物储备、协议储备、生产能力储备情况，是否满足事件应急需求	本地物资不能满足事件应急需求，无其他区域物资储备信息	15
				本地物资不能满足事件应急需求，但有其他区域物资储备信息，可以进行调用	7		本地物资不能满足事件应急需求，但有其他区域物资储备信息，可以进行调用	10		本地物资不能满足事件应急需求，但有其他区域物资储备信息，可以进行调用	7
				本地物资基本满足事件应急需求，不需要从其他区域调用	0		本地物资基本满足事件应急需求，不需要从其他区域调用	0		本地物资基本满足事件应急需求，不需要从其他区域调用	0

序号	评估指标	数据来源	水环境风险			大气环境风险			综合环境风险		
			指标说明	情况	分值	指标说明	情况	分值	指标说明	情况	分值
7	环境应急监测能力	环境监测部门	评估区域内环境应急监测能力情况，根据全国环境监测站建设标准中关于机构、人员能力和应急环境监测仪器配置要求进行评估	不达标	15	评估区域内环境应急监测能力情况，根据全国环境监测站建设标准中关于机构、人员能力和应急环境监测仪器配置要求进行评估	不达标	20	评估区域内环境应急监测能力情况，根据全国环境监测站建设标准中关于机构、人员能力和应急环境监测仪器配置要求进行评估	不达标	10
				三级	6		三级	8		三级	5
				二级	3		二级	4		二级	2
				一级	0		一级	0		一级	0

在计算环境风险指数时，按照评估子区域的类别，使用式（3-34）、式（3-35）、式（3-36），分别计算水环境风险指数（$R_{水}$）、大气环境风险指数（$R_{气}$）和综合环境风险指数（$R_{综合}$）。

$$R_{水}=\sqrt[3]{S_{水}\times V_{水}\times M_{水}} \tag{3-34}$$

$$R_{气}=\sqrt[3]{S_{气}\times V_{气}\times M_{气}} \tag{3-35}$$

$$R_{综合}=\sqrt[3]{S_{综合}\times V_{综合}\times M_{综合}} \tag{3-36}$$

对于环境风险防控与应急能力指数（M）涉及的各项指标难以获取，或仅考虑客观风险（环境风险源强度、环境风险受体脆弱性）的区域，可采用环境风险源强度指数（S）、环境风险受体脆弱性指数（V）两项指数相乘后开方的方法计算区域环境风险指数（R）。

根据水环境、大气环境和综合环境风险指数的数值大小，将区域环境风险划分为高、较高、中、低四级。环境风险等级划分原则见表 3-29。

表 3-29　环境风险等级划分原则

环境风险指数（$R_{水}$、$R_{气}$、$R_{综合}$）	环境风险等级
≥50	高（H）
[40，50）	较高（RH）
[30，40）	中（M）
<30	低（L）

2）结果表征

环境风险指数计算结果可采用两种方式表征：

①指数方式。单个区域的评估结果可参考表 3-30，用包含类别、

数值、等级、构成等信息的指数方式表征。多个区域的评估结果可采用在指数表征前加区域名称或代码的方式表征。

②地图方式。根据评估确定的区域风险值，将不同区域的风险等级在地图上用对应的颜色表示，形成风险地图。高、较高、中、低四个等级分别对应红、橙、黄、蓝四种颜色。

表 3-30 环境风险指数表征示例

	水环境风险	大气环境风险	综合环境风险
类别+指数值	$R_{水}67$	$R_{气}67$	$R_{综合}67$
类别+指数值+等级	$R_{水}$67-H	$R_{气}$67-H	$R_{综合}$67-H
类别+指数值+等级+构成	$R_{水}$67-H-S70V70M60	$R_{气}$67-H-S70V70M60	$R_{综合}$67-H-S70V70M60

（2）网格化环境风险分析法

网格化环境风险分析是在对评估区域划分网格的基础上，按照风险场理论和环境风险受体易损性理论，分别量化每个网格环境风险场强度和环境风险受体易损性，并计算网格环境风险值的过程。该方法能更好地反映评估区域风险的空间分布特征，精准识别高风险区域。

网格化环境风险分析法（以下简称网格法）适用于分析区域环境风险空间分布特征。区县级、辖区面积较小或环境风险等级为高或较高的行政区域，建议开展网格化环境风险分析，识别区域内重点关注的风险“热点”区域。化工园区、工业聚集区等风险源叠加效应明显的区域，可以用网格法开展环境风险分析。

1）网格环境风险场强度计算

环境风险场强度与环境风险物质的危害性和释放量以及与风险源的距离有关，可视为环境风险源的环境风险物质最大存在量与临界量的比值、计算点与风险源距离的函数。

环境风险场按风险因子传播途径可以分为水环境风险场、大气环境风险场和土壤环境风险场。土壤环境风险场因其时间跨度大，在评估突发性环境风险时，暂不考虑。

①水环境风险场

水环境风险主要通过水系（或流域）扩散，本方法采用线性递减函数构建水环境风险场强度计算模型，假设最大影响范围为 10 km（可根据评估区域地理水文特征适当调整）。区域内某一个网格的水环境风险场强度可表示为：

$$E_{x,y}=\begin{cases}\sum_{i=1}^{n}Q_iP_{x,y} & 0\leqslant l_i\leqslant 1\\ \sum_{i=1}^{n}\left(\frac{10Q_i}{l_i}-Q_i\right)P_{x,y} & 0<l_i\leqslant 10\\ 0 & 10<l_i\end{cases} \tag{3-37}$$

式中：$E_{x,y}$ 为某一个网格的水风险场强度；Q_i 为第 i 个风险源环境风险物质最大存在量与临界量的比值；$P_{x,y}$ 为风险场在某一个网格出现的概率，一般可取 10^{-6}/a（可根据评估区域风险源特征适当调整）；l_i 为网格中心点与风险源的距离，km；n 为风险源的个数。

为便于各个网格水环境风险场强度的比较，本方法对各个网格的水环境风险场强度进行标准化处理，公式如下：

$$E_{x,y}=\frac{E_{x,y}-E_{\min}}{E_{\max}-E_{\min}} \tag{3-38}$$

式中：$E_{x,y}$ 为某一个网格的水环境风险场强度；$E_{\max}$ 为区域内网格的最大水环境风险场强度；$E_{\min}$ 为区域内网格的最小水环境风险场强度。

②大气环境风险场

假设评估区域地势平坦开阔，且忽略人工建筑对气体扩散的影响，区域内某一个网格的大气环境风险场强度可表示为：

$$E_{x,y}=\sum_{i=1}^{n}\frac{Q_i(\mu_i+1)}{2}P_{x,y} \tag{3-39}$$

$$\mu_i=\begin{cases}1+0k_1+0k_2+0j, & l_i\leqslant s_1\\ \dfrac{s_2-l_i}{s_2-s_1}+\dfrac{l_i-s_1}{s_2-s_1}k_1+0k_2+0j, & s_1<l_i\leqslant s_2\\ 0+\dfrac{s_3-l_i}{s_3-s_2}k_1+\dfrac{l_i-s_2}{s_3-s_2}k_2+0j, & s_2<l_i\leqslant s_3\\ 0+0k_1+\dfrac{s_4-l_i}{s_4-s_3}k_2+\dfrac{l_i-s_3}{s_4-s_3}j, & s_3<l_i\leqslant s_4\\ 0+0k_1+0k_2+1j & l_i>s_4\end{cases} \tag{3-40}$$

式中：$E_{x,y}$ 为某一个网格的大气环境风险场强度；μ_i 为第 i 个风险源与某一个网格的联系度，Q_i 为第 i 个风险源环境风险物质最大存在量与临界量的比值；$P_{x,y}$ 为风险场在某一个网格出现的概率，一般可取 10^{-5}/a（可根据评估区域风险源特征调整）；l_i 为网格中心点与风险源的距离，单位为 km；n 为风险源的个数；k、j 分别为差异系数、对立系数，地势平坦开阔的地区取 k_1=0.5、k_2=–0.5、j=–1；s_1、s_2、s_3、s_4 分别取 1 km、3 km、5 km、10 km（可根据评估区域地理气象特征适当调整）。

2）网格环境风险受体易损性计算

①水环境风险受体易损性计算

水环境风险受体易损性指数 $V_{x,y}$ 可根据生态红线涉及的不同区域的敏感性确定，具体方法见表 3-31。

表 3-31 $V_{x,y}$确定方法

目标	指标	描述	分值
水环境风险受体易损性指数	生态红线	网格位于国家级和省级禁止开发区内	100
		网格位于国家级和省级禁止开发区以外的生态红线内	80
		网格位于生态红线以外的区域	40

对于已划分水环境功能区的区域，可根据水环境功能区类别对水环境风险受体易损性指数进行确定。未进行生态红线划定和水环境功能区划分的区域，可根据地表水水域环境功能和保护目标，对水环境风险受体易损性指数进行估算。

②大气环境风险受体易损性计算

大气环境风险受体易损性计算模型可表示为：

$$V_{x,y}=\frac{\text{pop}_{x,y}-\text{pop}_{\min}}{\text{pop}_{\max}-\text{pop}_{\min}}\times 100 \tag{3-41}$$

式中：$V_{x,y}$为某一个网格的大气环境风险受体易损性指数；$\text{pop}_{x,y}$为某一个网格的人口数量；$\text{pop}_{\max}$为区域内网格的人口数量最大值；$\text{pop}_{\min}$为区域内网格的人口数量最小值。

3）网格环境风险值计算

利用式（3-42）进行各个网格环境风险值的计算。可分别计算水环境风险值和大气环境风险值，并取两者的高值作为网格环境风险值。根据网格环境风险值的大小，将环境风险划分为四个等级：高风险（$R>80$）、较高风险（$60<R\leqslant 80$）、中风险（$30<R\leqslant 60$）、低风险（$R\leqslant 30$）。整个评估区域的环境风险值可用所有网格风险值的平均值计算。

$$R_{x,y}=\sqrt{E_{x,y}V_{x,y}} \tag{3-42}$$

4）结果表征

网格化环境风险分析结果可采用两种方式表征：

①地图方式，即根据评估确定的网格风险值，将网格的风险等级在地图上用对应的颜色表示，形成风险地图，也可以用插值法对网格风险值进行均匀处理，获得相对平滑的风险地图。风险地图一般包括水环境风险地图、大气环境风险地图、综合环境风险地图、风险源分布图、风险受体分布图等。

②比例方式，即用评估区域中某一风险等级网格的面积占区域总面积的比例表示，例如，高风险区域面积占30%。

3.4.5 典型突发环境事件情景分析

服务于环境应急预案编制的区域环境风险评估应进行典型突发环境事件情景分析，以分析典型突发环境事件的影响范围和程度。

可以依据环境风险识别结果开展典型突发环境事件情景分析，也可以在指数法和网格法分析的基础上，针对风险源和受体分布较为集中的区域开展典型突发环境事件情景分析。

（1）典型突发环境事件情景筛选原则

1）结合环境风险识别和环境风险分析结果，筛选区域重点关注的水和大气环境风险受体，确定区域重点关注的各类环境风险源及“热点”区域。

2）以环境风险受体为出发点梳理各个风险企业环境风险评估报告中针对该环境风险受体的所有典型突发环境事件情景。未开展环境风险评估的企业，可结合环境风险物质种类及数量，参照同类企业环境风险评估结果确定相关信息。

3）受多个环境风险源影响的环境风险受体，汇总分析可能发生的突发环境事件情景。

（2）典型突发环境事件情景

综合分析区域可能发生的突发环境事件类型、特征污染物、主要影响受体等，并筛选需要开展定量分析的典型突发环境事件情景。

1）突发大气环境事件情景

人口集中区等大气缓冲区内（参见表 3-27）环境风险源因风险物质泄漏或污染物排放造成大气污染，对大气环境风险受体产生影响的突发环境事件类型。风险源类型参见表 3-25。

2）突发水环境事件情景

乡镇及以上集中式饮用水水源保护区、跨（国家、省和市）界断面、海洋以及其他水体缓冲区内（参见表 3-27）环境风险源因风险物质泄漏或污染物排放造成水污染，对水环境风险受体产生影响的突发环境事件类型。风险源类型参见表 3-25。

3）群发或链发的突发环境事件情景

在化工园区、工业聚集区等环境风险源较为密集的区域，选取距离小于防护距离且涉及有毒有害或易燃易爆环境风险物质的相邻环境风险源，分析群发或链发的多米诺事件类型。

4）复合突发环境事件情景

由挥发性风险物质造成的突发水环境事件，同时分析可能的大气环境影响；火灾、爆炸、泄漏等生产安全事故以及危险化学品交通运输事故，同时分析可能的大气环境影响和水环境影响。

5）历史突发环境事件情景

评估本区域或风险特征相似的其他区域近五年已发生的较大及以上突发环境事件类型。

针对上述五类典型突发环境事件情景，原则上每类分别选取两个情景进行分析，选取情景的类型和数量可以根据评估区域环境风险特征和风险等级进行调整。

（3）典型突发环境事件情景分析要点

典型突发环境事件情景分析包括源强分析、释放途径分析、后果分析，具体如下：

1）源强分析。重点分析释放的环境风险物质种类、物理化学性质及危害性、持续时间与释放量。应综合考虑行政区域内群发或链发的突发环境事件情景，并进行源强计算。

2）释放途径分析。重点分析环境风险物质从释放源头，最终影响到环境风险受体的可能性、释放条件、释放途径及风险防控与应急措施。针对重要的环境风险受体，列出污染物扩散的传输路径。对可能造成水环境污染的，依据季节性水文特征，分析涉及环境风险与应急措施的关键环节及应急物资、应急装备和应急救援队伍情况。对可能造成大气环境污染的，依据气象条件，分别分析环境风险物质小量和大量泄漏情况下，白天和夜间可能影响的范围，重点判断下风向最大影响距离。

3）后果分析。重点分析环境风险物质泄漏可能影响的范围以及对环境的影响程度。对可能造成水体污染的，分析受影响的饮用水水源地数量、受影响的生态敏感区、水质影响程度与持续时间、是否造成跨界影响，预估突发环境事件级别。对可能造成大气污染的，分析受影响和需要疏散的人口数量，确定事故发生点周边的人员紧急隔离距离、防护距离、疏散距离，预估突发环境事件级别。

（4）典型突发环境事件情景分析参考模型与方法

有关源强和后果分析的计算方法可参考《建设项目环境风险评价技术导则》有关章节，也可引用企业环境风险评估报告的分析结果。国外比较成熟的模型方法也可参考，如参考《北美应急响应手册》（*Emergency Response Guidebook*）中相关疏散距离的最大值确定环境风险物质泄漏可能影响的范围。

3.4.6 环境风险防控与应急措施差距分析

根据环境风险识别与环境风险分析结果，重点对区域环境风险等级为较高及以上的区域，从环境风险受体、环境风险源以及区域环境风险管理与应急能力方面对比分析，找出问题和差距。

3.4.6.1 环境风险受体管理差距分析

按照《集中式饮用水水源环境保护指南（试行）》《生态保护红线划定指南》等有关规定，分析饮用水水源保护区以及生态保护红线等敏感目标的监控、防护等要求的落实情况。

（1）饮用水水源保护区

重点对比分析在饮用水水源保护区内是否设置排污口，在饮用水水源一级保护区内是否存在与供水设施和保护水源无关的建设项目，在饮用水水源二级保护区内是否存在新、改、扩建排放污染物的建设项目以及从事危险化学品装卸作业的货运码头、水上加油站，在饮用水水源二级保护区内是否新建、扩建对水体污染严重的建设项目，是否存在其他环境违法行为。

（2）生态保护红线

重点对比分析生态保护红线内是否存在不符合功能定位的开发活动。

（3）大气环境风险受体

机关、学校、医院、居民区等重要环境风险受体与环境风险源的各类防护距离是否符合环境影响评价文件及批复的要求。

3.4.6.2 环境风险源管理差距分析

（1）重点环境风险企业

按照《企业事业单位突发环境事件应急预案备案管理办法（试行）》《企业突发环境事件风险评估指南（试行）》以及《企业突发环境事件隐患排查和治理工作指南（试行）》等文件要求，分析区域内企业环境应急管理与风险防控措施落实情况。例如，企业是否制定环境应急预案并备案、公开环境应急预案及培训演练情况；是否开展环境风险评估，确定风险等级；是否储备必要的环境应急装备和物资；是否建立健全隐患排查治理制度、突发水环境事件风险防控措施、环境风险监测预警体系（涉及有毒有害大气、水污染物名录的企业）以及信息通报等其他环境风险防控措施。

（2）移动源

按照《危险化学品安全管理条例》《道路危险货物运输管理规定》等有关规定，分析道路、水路运输监控、路线以及管理制度等要求的落实情况。例如，危险化学品运输载具是否按规定安装 GPS 设备；承运人是否有资质；是否按专用路线和规定时间行驶。

3.4.6.3 区域环境风险管理与应急能力差距分析

（1）环境风险源布局与管理

按照《国务院办公厅关于推进城镇人口密集区危险化学品生产企业搬迁改造的指导意见》以及国家、地方有关淘汰落后产能、产业准入的要求，筛选重点环境风险防控区域、重点环境风险企业、行业及道路、水路运输重点风险源，分析区域环境风险是否可接受，并实施差异化、有针对性的环境风险管理。

（2）环境应急处置能力

重点分析突发水环境事件的应急处置能力。例如，分析评估区域能否通过筑坝、导流等方式对污染物进行拦截，通过上游调水降低水体中污染物浓度，通过投加反应剂、投加吸附剂等方式对污染物就地或异地处置；是否建设取水口应急防护工程；重点防控道路和桥梁是否设置导流槽、应急池。

重点分析突发大气环境事件的应急防护能力。例如，评估突发大气环境事件发生时，能否及时告知并组织环境风险源周边人员紧急疏散或就地防护。

（3）环境监测预警能力

重点分析区域环境监测预警能力是否满足应急需要。例如，是否按照《全国环境监测站建设标准》等有关规定，配备满足基本监测和应急监测需要的人员、仪器等；是否具备重要特征污染物的监测能力并按有关要求开展应急监测；是否在饮用水水源地取水口和连接水体建设监控预警设施，在涉及有毒有害气体的化工园区建设有毒有害气体监控预警设施，并具备有毒有害气体实时分析预警能力。

（4）环境应急预案管理

重点分析环境应急预案是否按照《突发事件应急预案管理办法》《突发环境事件应急管理办法》等要求进行管理。例如，是否对政府和部门环境应急预案定期评估和修订，是否按要求备案和演练；环保部门是否对企业环境应急预案有效管理。

（5）重点分析环境应急队伍是否满足本区域环境应急管理的需要。例如，按照有关规定、规划，分析环境应急管理机构应急管理人员数量、学历以及培训上岗率等；参照《环境保护部环境应急专家管理办法》等规定，分析专家库的建设情况；分析区域是否建立环境应急救援队伍。

（6）环境应急物资储备

重点分析本区域是否储备必要的环境应急物资。例如，分析应急物资实物、协议及生产能力储备情况；重点防控区域如化工园区、化学品运输码头、水上交通事故高发地段以及油气管道等，是否就近储备吸附剂、围油栏、临时围堰等应急物资。

（7）环境应急联动机制

重点分析存在跨界影响的相邻区域、相关部门之间是否签订应急联动协议、制定应急联动方案并建立机制保障实施。

在评估的基础上，提出区域环境风险管理措施建议，作为评估报告的内容。

1）列举优先管理对象清单

根据识别分析结果，筛选建立包括重点环境风险源、重点环境风险受体以及重点管控区域在内的优先管理对象清单，对清单中风险源、风险受体以及区域实施重点监管。

①重点环境风险源清单。例如，重大环境风险等级企业、尾矿库，处在敏感区域的较大环境风险等级企业、尾矿库，连续发生突发环境事件的企业。

②重点环境风险受体清单。例如，处于高、较高等级水环境风险区域的集中式饮用水水源保护区，处于高、较高等级大气环境风险区域的人口集中区。

③重点管控区域清单。环境风险源集中的区域，例如，化工园区、工业聚集区；环境风险源与风险受体交错的区域，例如，不符合安全、环保距离要求的企业与居民混居区，危险化学品运输路线经过的人口集中区、饮用水水源保护区等区域。

2）区域环境风险空间布局优化

根据区域环境风险分布特点，按照相关法律法规、规划要求，从保护人口集中区、集中式饮用水水源保护区等重要环境风险受体角度出发，按照源头防控的原则，提出区域环境风险空间布局优化建议。

①环境风险源。例如，对于评估为高风险等级的区域，不再新、改、扩建增大环境风险的建设项目；推进工业园区外的风险企业入园，逐步淘汰重污染、高环境风险企业，对不符合防护距离要求的涉危、涉重企业实施搬迁，鼓励企业减少环境风险物质使用；合理调整危险化学品运输路线，避开人口集中区、集中式饮用水水源保护区等。

②环境风险受体。例如，严格集中式饮用水水源保护区监管，取缔集中式饮用水水源一级保护区内与供水设施和保护水源无关的建设项目，及时纠正环境违法行为；若高环境风险区域内的环境风险源短时间无法搬迁，对受影响的人口实施必要的搬迁、转移。

3）区域环境风险防控和应急救援能力建设

根据区域环境风险水平和能力差距分析结果，重点从环境监测预警、应急防护工程、队伍建设、物资储备以及联动机制等方面，提出区域环境风险防控和应急救援能力建设建议。

①环境监测预警。例如，根据相关标准规范，加强基础环境监测分析能力，强化重点特征污染物应急监测能力；在饮用水水源保护区取水口和连接水体、涉及有毒有害气体的化工园区或工业聚集区，建设监控预警设施及研判预警平台，提高水和大气环境应急监测预警能力。

②环境应急防护工程。例如，针对环境风险等级为较高以上的区域及可能的污染物扩散通道，加强污染物拦截、导流、稀释和物

理化学处理能力建设，建设取水口应急防护工程，针对道路和桥梁建设导流槽、应急池。

③环境应急队伍建设。例如，建立健全环境应急管理机构，提高人员业务能力；加强环境应急专家库建设；设立专职或兼职的环境应急救援队伍，提高专业化、社会化水平。

④环境应急物资储备。例如，建立健全政府专门储备、企业代储备等多种形式的环境应急物资储备模式，建设环境应急资源信息数据库，提高区域综合保障能力；针对化工园区等重点区域，就近设置环境应急物资储备库。

⑤环境应急联动机制建设。例如，存在跨界影响的相邻区域，签订应急联动协议，制定跨区域、流域环境应急预案，定期会商、联合演练、联合应对。

4）区域突发环境事件应急预案管理

以提高环境应急预案针对性、实用性为目标，重点从企业、政府两个方面提出环境应急预案管理建议。

①企业环境应急预案。加强企业环境风险评估与环境应急预案备案管理，督促企业做好环境应急预案培训、演练，落实主体责任。

②政府环境应急预案。根据典型突发环境事件情景分析结果，编制、修订政府环境应急预案，明确应急指挥机构、职责分工、预警、应对响应流程，重点针对各种典型事件情景，细化应急处置方案及人员、物资调配流程，针对高、较高环境风险区域编制专项环境应急预案或实施方案。

第 4 章　环境应急信息化管理

4.1　环境应急管理信息化概述

信息化是驱动现代化建设的先导力量。大数据、“互联网+”、人工智能等信息技术正成为推进生态环境治理体系和治理能力现代化的重要手段。近年来，通过实施“国家环境信息与统计能力建设项目”“生态环境大数据建设项目”等重大信息化工程，生态环境业务专网建成应用，生态环境监测网络建设取得重要进展，生态环境信息资源中心上线运行，生态环境业务信息化深入推进，生态环境信息化标准体系初步建立，信息化支撑生态环境管理发挥了积极作用。

我国的应急机制及其信息系统的建设有几十年的历史，在电子政务环境下，我国的应急管理已经拥有一大批实用的成果。许多系统具备了一些基本功能，如视频会议功能、视频监控功能、语音指挥调度功能、辅助决策功能等。在环境应急管理的技术支撑系统建设上，发达国家积极研究开发和建设信息系统，加强信息的统一性和共享性能；同时，注意加强应急处置技术的研究与储备。日本应急信息系统是由信息联络系统、受灾信息收集和宣传系统、信息披露、媒介应对系统等子系统组成，为了解技术和掌握危机应急进程提供了技术保障。

环境应急信息管理平台是以信息化技术手段为支撑、面向突发环境事件的综合的信息管理、事态预测、应急决策系统。它的目标：一是要建立内容丰富的信息资源网络，利用自动化监控和数据采集系统、多媒体技术、地理信息系统、遥感技术和网络技术，及时、准确、全面地显示和记录信息。在紧急情况发生时，可以快速地通过视频、声音、电子地图了解事态的发展状况。二是建立面向应急处理的信息管理系统：建立危险物品信息库；利用先进的软件和数据库技术，建立环境风险预警、接警、响应快速机制；建立现场信息采集机制、污染物扩散模型、辅助决策模型，辅助领导快速做出科学决策以及实施应急行动。

4.2 环境应急管理信息化内容

环境应急信息化是当今信息全球化的必然产物，是电子政务的一个重要组成部分。强化信息化发展战略在经济可持续发展战略的重要地位，建立跨部门、跨区域的综合性环境管理系统，建设以智慧技术高度集成，智慧产业高端发展，智慧服务高效便民为主要特征的智慧环保体系，有机融合环境应急管理与日常公共服务，从而更加积极主动，快速有效地应对各种突发事件，实现可持续和谐稳定发展，是当前应急管理的重要做法和基本经验。

4.2.1 地理信息系统

地理信息系统（geographic information system，GIS）是一门综合性学科，结合地理学与地图学，已经广泛应用在不同的领域，是用于输入存储、查询、分析和显示地理数据的计算机系统。地理信息系统既是管理和分析空间数据的应用工程技术，又是跨越地球科学信息科学和空间科学的应用基础学科。其技术系统由计算机硬件、软件和相关的方法过程所组成，用于支持空间数据的采集、管理、处理、分析、建模和显示，以便解决复杂的规划和管理问题。地理信息系统处理、管理的对象是多种地理空间实体数据及其关系，包括空间定位数据、图形数据、遥感图像数据、属性数据等，用于分析和处理在一定地理区域内分布的各种现象和过程，解决复杂的规划、决策和管理问题。通过上述的分析和定义可提出 GIS 的如下基本概念。

GIS 的物理外壳是计算机化的技术系统，它又由若干个相互关联的子系统构成，如数据采集子系统、数据管理子系统、数据处理和分析子系统、图像处理子系统、数据产品输出子系统等，这些子系统的优劣，结构直接影响着 GIS 的硬件平台、功能、效率、数据处理的方式和产品输出的类型。

GIS 的操作对象是空间数据和属性数据，即点、线、面、体这类有三维要素的地理实体。空间数据的最根本特点是每一个数据都按统一的地理坐标进行编码，实现对其定位、定性和定量的描述，这是 GIS 区别于其他类型信息系统的根本标志，也是其技术难点之所在。

GIS 的技术优势在于它的数据综合，模拟与分析评价能力，它可以得到常规方法或普通信息系统难以得到的重要信息，实现地理空间过程演化的模拟和预测。

GIS 与测绘学和地理学有着密切的关系。大地测量、工程测量、矿山测量、地籍测量、航空技影测量和造展技术为 GIS 中的空间实体提供各种不同比例尺和精度的定位数；电子速测仪、GIS 全球定位技术、解析或数字摄影测量工作站、遥感图像处理系统等现代测绘技术的使用，可直接、快速和自动地获取空间目标的数字信息产品，为 GIS 提供丰富和更为实时的信息源，并促使 GIS 向更高层次发展。一个地理信息系统是一种具有信息系统空间专业形式的数据管理系统。在严格的意义上，这是一个具有集中、存储、操作和显示地理参考信息功能的计算机系统。例如，根据在数据库中的位置对数据进行识别。

4.2.2 环境应急管理系统

环境应急管理系统是在环境应急管理上建设的应急管理信息系统，可以监测重大危险源信息变化情况，加强宏观调控，充分发挥其代表政府综合管理安全工作的职能。同时，系统使应急指挥决策化、科学化、智能化。应急辅助决策支持系统的建设以信息资源整合与共享为目标，是电子政务的一个重要组成部分。系统运用地理信息系统，建成信息化数字化的“应急管理”平台，使应急管理和救援指挥工作准确、快捷和高效。作为处理环境突发事件的一个系统，环境应急管理系统需要运用相关学科的一些理论方法，对预计可能发生的事故设计完善的应急预案，在事故发生的时候快速制定最佳策略，用最合理的管理把事故带来的损失控制到最小。

随着科技的发展，借助先进的计算机科学和信息技术，应急管理系统可以提供对越来越复杂的突发事件的辅助管理。这为应急系统的实现提供了先决条件。总之，应急管理信息系统具有以下几方面的作用。

（1）可以有效集成各个方面的应急资源信息，在应急时可以迅速找到相关的各种应急资源，并进行定位。

（2）可以实现对各种重大危险源的管理，在应急时可以根据这些数据采取有效的措施。

（3）可以提高快速反应和应急指挥能力。

（4）可以提高规划能力。

计算相应的事故所造成的事故后果，在事故应急时，可以提高应急响应的准确性。

在事故后果模拟的基础上，系统可以提供相应的应急指挥调度辅助决策供指挥者参考，提供及时的决策支持。

为应急恢复提供规划和管理工具，即运用科学的方法和手段对城市环境风险进行识别、预测，分析不正常状态的时空范围和危害程度，并提出防范和应急措施。

通过应急管理信息系统建设可以在事故之前提供某些警告信息，有助于决策者选择适宜的应急对策，在事故发生时以最佳的应急方案和最快的速度对风险进行控制。

4.2.3　决策支持系统

决策支持系统（decision support system，DSS）的概念由美国麻省理工学院的 Scott Morton 教授于 20 世纪 70 年代提出，这一概念一经提出立即引起了各国学者的广泛兴趣，无论在理论研究还是开发应用方面都取得了一定的成果。目前的决策支持系统已发展为多学科交叉的系统，涉及计算机科学、人工智能、信息管理科学、数学、心理学等多学科、多技术，在市场营销、产品生产、公司管理、金融经济等多领域均有应用。我国在 20 世纪 80 年代中期开始了决策支持系统的研究，其中最广泛的领域是区域发展规划。

环境决策支持系统（environmental decision support system，EDSS）是将决策支持系统应用于环境规划与管理方面，辅助决策者解决突发环境污染、环境影响评价、环境规划建设等半结构化和非结构化问题。计算机科学、人工智能、数据采集及数据库管理、网络技术、工程技术等学科的快速发展，更好地促进了环境决策支持系统的研究。

4.3 环境应急管理信息化应用

通过环境应急大数据应用建设，主要建成环境应急信息综合管理平台，全面收集、整合环境应急信息数据，依托大数据、云计算、互联网和 GIS 等技术，实现对环境应急数据的有效质量控制，统一数据标准格式，有效提升环境应急管理的信息化水平，为科学防范、处置突发环境事件提供信息支持，为指挥决策提供技术辅助。

4.3.1 平台建设原则

可行性：应设计要充分考虑技术、经济、实施等各方面的因素，设计出切实可行的方案。

安全性：信息资源必须受到保护，防止无授权访问或破坏信息完整性的可能性，必须认真考虑对于数据的损坏或安全机制的破坏所带来的威胁。

统一性：统一性包括统一规范、统一标准和统一接口。编码要遵循一定的标准，增加代码的可读性和可维护性。设计时要注意国际标准、国家标准和省级标准的采纳与使用，在没有标准的情况下，用户要参与自有标准的设计与确定，保证系统建立在标准化基础上。

4.3.2 实现目标

开展突发环境事件大数据应用建设，充分运用大数据、云计算等现代信息技术手段，迅速搜集、快速处理涉及环境风险数据、环保举报信息、突发环境事件动态数据、舆论信息等海量数据，从而解决环境风险基础数据不足、时效性差的问题，全面提高环境应急管理效率、减少损失。基于现有的有线通信调度、无线通信指挥、移动应急指挥、异地会商等系统，利用有线通信、无线通信、移动指挥通信、移动互联技术和大数据应用软件等技术，建设环境应急大数据应用。充分利用环保、交通、国土资源、气象等部门及社会各方面的数据，建立大数据分析模型，开展大数据统计分析，提升大数据应用展示效果；汇集相关单位基础数据，整合危险废物、环境风险源等的风险源监测数据，开发应急值守综合管理、应急指挥、监测预警、风险管控等应用，为科学决策提供技术支撑。

4.3.3 设计思路

（1）畅通环境应急信息数据收集渠道

依托已建成的“国家—省—市—县”四级环境保护业务专网和互联网，全面收集、汇总各级环保部门的环境应急信息，包括环境风险企业、环境应急预案、突发环境事件信息、环保举报受理、环境应急队伍、环境应急物资等数据；有效获取环境监测信息、预报信息、污染源信息、环评信息、法律法规信息、舆情信息等，建立数据报送和收集机制，规范数据接口，畅通数据收集渠道，拓宽数据收集范围。

（2）提升环境应急数据分析能力

结合环境应急管理工作实际需要，集成和开发各种数据分析模型，对环境应急信息数据进行分析，逐步开展环境应急信息数据内部的联系和规律、环境应急信息数据与环境保护信息数据的联系和规律、环境应急信息数据与外部社会数据的联系和规律分析，扩大数据分析范围、深化数据分析程度，全面提升环境应急数据分析能力，为环境应急管理提供数据支撑和决策支持。

（3）优化环境应急信息数据的可视化效果

在图表基础上，开发以 GIS 地图、三维动画、信息推送等形式展现大数据分析结果。利用颜色渲染、图案填充等方式将大数据分析结果在地图上表现出来；针对具有空间属性的大数据分析结果数据开发专题地图，用于发展模式和趋势的分析，为决策支持提供依据。

4.3.4 主要建设内容

（1）环境应急数据库

1）应急业务数据库

①应急预案库。建立包括省、市（州）级政府突发环境事件应急预案、省政府涉及环保部门职责的专项应急预案、省和市（州）环保部门应急预案、重点风险源企业环境应急预案的应急预案库。应急预案体系层次应包括综合应急预案、专项应急预案、现场处置方案，预案的制定都可以在系统内完成编制或本地上传。

②应急组织机构及人员库。建立包括省政府应急管理部门、各级环保部门、与省厅联动相关部门、重点风险源企业环保机构在内的组织机构和人员数据库。

③应急专家库。建立环境应急专家库，包含应急专家姓名、联系方式、单位及研究方向、参与处置过的应急案例等基本信息。

④环境应急资源库。建立全省环境应急资源库，包含全省环境应急物资和设备、联动单位和重点企业应急物资和应急救援队伍等信息。基于环境地理信息系统进行开发，将现有应急资源在系统中登记注册，形成应急资源信息目录。

2）应急处置技术库

在应急处理处置技术选择和应急指挥决策时，决策人员可以在应急处置技术库中查询污染物的特征、处理处置事故特征污染物的有效技术方法以及人员防护和逃生方法，继而采用合理的处理处置方案，并发出正确的人员疏散指令。

①案例库。包括国内外发生过的典型突发环境事件，案例应具有内容的真实性、决策的可借鉴性及处理问题的启发性等特点，包括时间名称、类型、等级、时间、来源、所属区域、主要污染物、处置措施、经济损失、伤亡人数、转移人数、责任追究等信息。

②处理处置技术库。建立危险化学品处理处置数据库，主要包括：危险化学品理化特性、处置方法以及防护方式、应急人员日常防护、受危害人员救治、污染源切断、污染区隔离、污染扩散防治、污染物危害的减轻或消除、污染物消除及善后处理等技术。其中危险化学品的种类应至少包含危险化学品名录中所有的物质。

③环境法规标准库。建立国内外环境保护相关政策、法律、法规和环境标准库。

④应急检测方法库。建立包括应急检测方法、应急检测仪器信息、应急检测试剂信息等在内的数据库，并依此建立应急检测方法资源目录。

（2）突发环境事件数据整合集成系统

通过向各级环境应急管理部门开放环境风险源动态管理系统，开发数据填报系统、信息采集系统、数据交换系统，实现突发环境事件数据整合集成，利用大数据技术抓取存储于信息中心云平台中的环境应急相关数据，实现各地突发环境事件填报、应急相关数据的整合、集成、大数据预处理，为环境应急大数据分析应用提供数据基础。

（3）重点行业和企业精细化风险防控管理应用

基于大数据平台的风险源、受体、传播途径、在线监测数据及其他相关信息数据，利用大数据分析技术，通过区域风险评估方法等计算方法，建立大数据分析算法，利用大数据应用平台，开展企业环境风险防控综合分析以及区域突发环境事件风险评估，为加强企业和区域环境风险防控管理提供基础和依据。

（4）重、特大突发水污染事件源追踪与反演应用

基于大数据平台的污染源、监测及其他信息，开展多方法数据挖掘、污染特征辨识、知识推理、水环境模拟反演等研究与开发，在平台上实现多方法的事故源和区域的智能辅助界定，减轻事件处置中的源排查工作量。

（5）突发环境事件大数据高级分析

以突发环境事件相关数据为基础，结合环保举报数据、环境质量数据、环评数据以及自然地理等基础数据，利用大数据分析技术，建立大数据分析算法，深入分析突发环境事件与环境质量状况，经济社会发展状况等因素之间的联系。

（6）突发环境事件大数据应用展示

以 GIS 地图、图表、信息推送等形式展现突发环境事件大数据分析结果。

以大数据算法为基础，建立大数据分析模型库。模型库用来存放模型，模型库管理系统主要有两方面的功能，一是类似数据库管理系统的静态管理功能，二是模型的动态管理。包括大气污染扩散趋势分析、水污染扩散趋势分析、风险评估分析、突发环境事件大数据模拟及态势分析等模型。

第5章　突发环境事件应急响应

5.1　环境应急响应概述

突发环境事件的应急响应工作是一个复杂的系统工程，每一个环节可能涉及各方面的政府部门和救援力量。依据属地管理、分级负责的原则，事发地县级以上地方政府及其相关部门在事故应急工作中起主导作用，各相关部门按照职责分工承担相应的应急任务。

环保部门作为应对突发环境事件的主要责任主体，其开展应急响应和事件应对工作时，有固定的工作内容、原则和程序。

5.1.1　主要工作内容

参与突发环境事件的应急指挥、协调和调度；

负责突发环境事件接报、报告、应急监测、污染源排查、调查取证、通报受影响的毗邻地区环保等工作；

根据现场调查情况及专家组意见对事态评估、信息发布、级别判断、污染物扩散趋势分析、污染控制、现场应急处置、人员防护、隔离疏散、抢险救援、应急终止及污染损害赔偿等工作提出建议。

5.1.2 原则

（1）以人为本，减少危害。切实履行政府的社会管理和公共服务职能，把保障公众健康和生命财产安全作为首要任务，很大程度地保障公众健康，保护人民群众生命财产安全。

（2）依法应急，规范处置。依据有关法律和行政法规，加强应急管理，维护公众合法环境权益，使应对突发环境事件工作规范化、制度化、法制化。

（3）统一领导，协调一致。在各级党委、政府的统一领导下，充分发挥环保专业优势，切实履行环保部门工作职责。形成统一指挥，各负其责，协调有序，反应灵敏，运转高效的应急指挥机制。

（4）属地为主，分级响应。坚持属地管理原则，充分发挥基层党委、政府的主导作用，动员乡镇，社区，企事业单位和社会团体的力量，形成上下一致，主从清晰，指导有力，配合密切的应急处置机制。

（5）专家指导，科学处置。采用先进的环境监测、预测和应急处置技术及施设，充分发挥专家队伍，监察等专业人员的作用，提高应对突发环境事件的科技水平和指挥能力，避免发生次生、衍生事件，最大限度地消除或减轻突发环境事件造成的中长期影响。

（6）充分准备，分级备案。坚持平战结合，即平时做好人、财、物等方面的充分准备，对应急预案进行充分的培训、演习和演练，才能应付战时的紧张局面；同时，国家级、省（直辖市）级、市县级行业或企业应根据实际情况制定符合自身实际、有针对性的应急预案，并做好衔接工作，做到有的放矢，有备无患。

5.1.3 事件分级

按照事件严重程度，突发环境事件分为特别重大、重大、较大和一般四级。

（1）特别重大突发环境事件

凡符合下列情形之一的，为特别重大突发环境事件：

1）因环境污染直接导致 30 人以上死亡或 100 人以上中毒或重伤的；

2）因环境污染疏散、转移人员 5 万人以上的；

3）因环境污染造成直接经济损失 1 亿元以上的；

4）因环境污染造成区域生态功能丧失或该区域国家重点保护物种灭绝的；

5）因环境污染造成设区的市级以上城市集中式饮用水水源地取水中断的；

6）Ⅰ、Ⅱ类放射源丢失、被盗、失控并造成大范围严重辐射污染后果的；放射性同位素和射线装置失控导致 3 人以上急性死亡的；放射性物质泄漏，造成大范围辐射污染后果的；

7）造成重大跨国境影响的境内突发环境事件。

（2）重大突发环境事件

凡符合下列情形之一的，为重大突发环境事件：

1）因环境污染直接导致 10 人以上 30 人以下死亡或 50 人以上 100 人以下中毒或重伤的；

2）因环境污染疏散、转移人员 1 万人以上 5 万人以下的；

3）因环境污染造成直接经济损失 2 000 万元以上 1 亿元以下的；

4）因环境污染造成区域生态功能部分丧失或该区域国家重点保护野生动植物种群大批死亡的；

5）因环境污染造成县级城市集中式饮用水水源地取水中断的；

6）Ⅰ、Ⅱ类放射源丢失、被盗的；放射性同位素和射线装置失控导致 3 人以下急性死亡或者 10 人以上急性重度放射病、局部器官残疾的；放射性物质泄漏，造成较大范围辐射污染后果的；

7）造成跨省级行政区域影响的突发环境事件。

（3）较大突发环境事件

凡符合下列情形之一的，为较大突发环境事件：

1）因环境污染直接导致 3 人以上 10 人以下死亡或 10 人以上 50 人以下中毒或重伤的；

2）因环境污染疏散、转移人员 5 000 人以上 1 万人以下的；

3）因环境污染造成直接经济损失 500 万元以上 2 000 万元以下的；

4）因环境污染造成国家重点保护的动植物物种受到破坏的；

5）因环境污染造成乡镇集中式饮用水水源地取水中断的；

6）Ⅲ类放射源丢失、被盗的；放射性同位素和射线装置失控导致 10 人以下急性重度放射病、局部器官残疾的；放射性物质泄漏，造成小范围辐射污染后果的；

7）造成跨设区的市级行政区域影响的突发环境事件。

（4）一般突发环境事件

凡符合下列情形之一的，为一般突发环境事件：

1）因环境污染直接导致 3 人以下死亡或 10 人以下中毒或重伤的；

2）因环境污染疏散、转移人员 5 000 人以下的；

3）因环境污染造成直接经济损失 500 万元以下的；

4）因环境污染造成跨县级行政区域纠纷，引起一般性群体影响的；

5）Ⅳ、Ⅴ类放射源丢失、被盗的；放射性同位素和射线装置失控导致人员受到超过年剂量限值的照射的；放射性物质泄漏，造成厂区内或设施内局部辐射污染后果的；铀矿冶、伴生矿超标排放，造成环境辐射污染后果的；

6）对环境造成一定影响，尚未达到较大突发环境事件级别的。

5.1.4　程序

应急响应的主要环节和工作程序为：接报、研判、报告、预警、启动预案、成立应急指挥部、现场指挥、开展应急处置、应急终止（图 5-1）。

在应急响应各个环节，信息判断和信息报送是环境保护主管部门的主要工作之一。按照规定的时限和内容接报、报送突发环境污染事件有关信息，是科学应对和决策的有力保障，也是体现环保系统上下一致的关键所在。按照《国家突发环境事件应急预案》等有关规定，环境保护主管部门在接到突发环境污染事件后，向所在地县级以上人民政府报告的同时，应向上一级环保部门报告。

政府启动应急预案后，环保部门作为主要参与者，在应急指挥部的统一领导下，应在应急响应的各环节做好参与工作。在预警阶段，根据有关规定，提出预警级别建议。在政府启动突发环境事件应急预案的同时，环保部门应启动部门内部应急工作程序，相关人员到位，随时根据指挥部的安排进行工作。在参加政府成立的应急指挥部，与相关部门协同配合的同时，环保部门应积极遴选和推荐有关专家，成立专家组，发挥专家在突发环境事件中的指导作用。在现场指挥和处置过程中，环保部门应调动监测和监察等力量，在应急监测、污染源排查、调查取证、污染预测、事态评估等方面发挥主导作用同时根据应急指挥部的安排，积极参与人员救护、疏散、抢险、群众防护、后勤保障等工作并积极发挥主观能动性，根据实际情况在污染处置中随时向应急指挥部提供信息发布等方面措施的建议和方案。一般情况下，应急指挥部会根据环保部门提供的监测数据等有关环境状况信息，做出应急终止的决定。

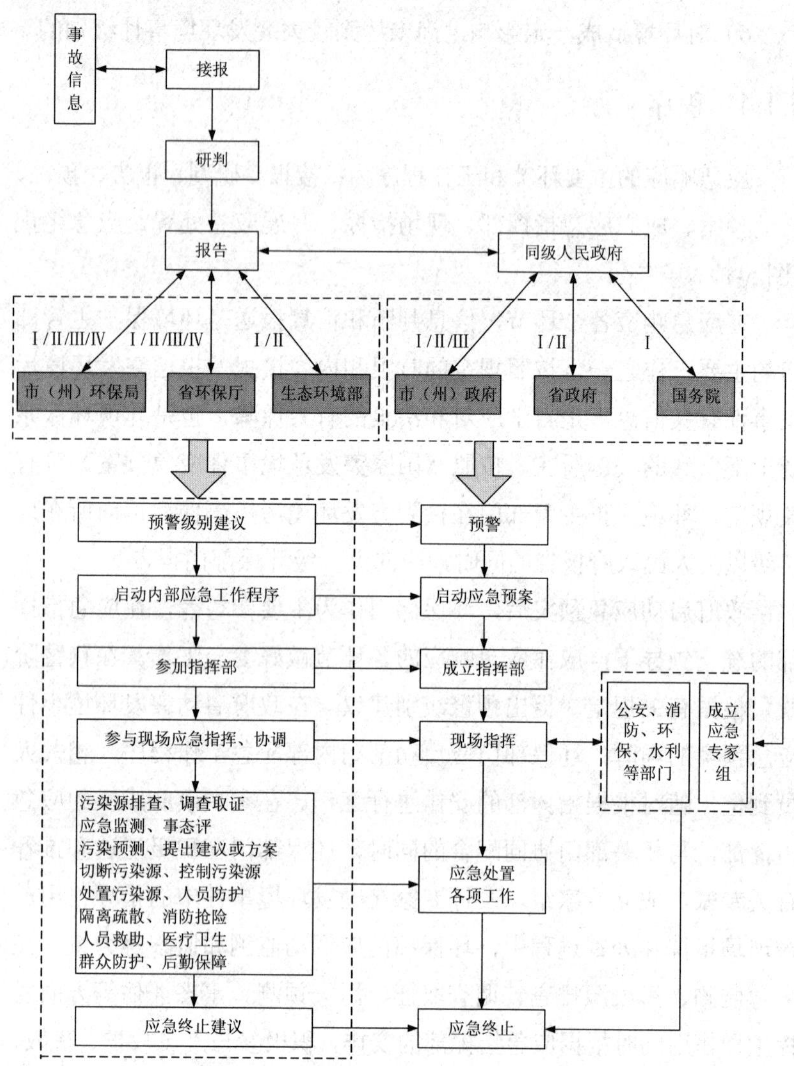

图 5-1　应急响应主要环节和工作程序

5.2　信息接报与报告

根据原环保部《突发环境事件信息报告办法》（环境保护部令　第17 号）的要求，各级环境保护部门应当按照职责范围，做好本辖区突发环境事件的应对和处置工作，及时、准确地向同级人民政府和上级环保部门报告。

突发环境事件发生地设区的市级或者县级人民政府环境保护主管部门在发现或者得知突发环境事件信息后，应当立即进行核实，对突发环境事件的性质和类别做出初步认定。

对初步认定为一般（Ⅳ级）或者较大（Ⅲ级）突发环境事件的，事件发生地设区的市级或者县级人民政府环境保护主管部门应当在 4 h 内向本级人民政府和上一级人民政府环境保护主管部门报告。对初步认定为重大（Ⅱ级）或者特别重大（Ⅰ级）突发环境事件的，事件发生地设区的市级或者县级人民政府环境保护主管部门应当在 2 h 内向本级人民政府和省级人民政府环境保护主管部门报告，同时上报生态环境部。省级人民政府环境保护土管部门接到报告后，应当进行核实并在 1 h 内报告生态环境部。突发环境事件处置过程中事件级别发生变化的，应当按照变化后的级别报告信息。

突发环境事件已经或者可能涉及相邻行政区域的，事件发生地环境保护主管部门应当及时通报相邻区域同级人民政府环境保护主管部门，并向本级人民政府提出向相邻区域人民政府通报的建议。

5.2.1　报警

报警责任单位或责任人包括突发环境污染事故责任单位及其主管部门，环境保护主管部门，县级以上地方人民政府及其相关部门，以及其他企事业单位、社会团体。报警责任方可通过拨打“110”“119”“12369”等公共举报电话、网络、传真等形式向政府及其有关部门报警。

公民有义务向政府及其相关部门反映突发环境事件的有关信息。

5.2.2 接报

（1）接报责任单位

各级人民政府、环境保护主管部门及其他政府职能部门作为接报责任单位，有责任接收来自各方面的有关突发环境事件信息，并按有关规定进行处理。

（2）接报责任人工作规程

接到事件信息后，接报人立即对事件信息进行核实；核实后将有关书面报告材料或电话记录内容及时复印主送分管领导，同时分送其他相关领导、应急部门负责人和相关部门。特别重大事件同时主送主要领导。

夜间及节假日期间，接报人可通过电话报告和书面信息报送。

（3）接报内容

接报人接到文字报告材料或电话报告后，必须核实后立即上报。电话报告，必须如实记录报告内容、信息来源、报告时间、报告人、电话号码等信息。

5.2.3 报告

突发环境事件的报告分为初报、续报和终报三类。

初报：可用电话或书面形式报告，电话报告随后必须立即补充文字报告。主要内容包括环境污染事件的发生时间、地点、污染原因、主要污染物质及数量、人员受害情况、是否威胁饮用水水源地或居民区等环境敏感区安全、事故类型、事件级别、信息通报与发布情况、事件潜在的危害程度、转化方式趋向等情况，以及信息来源、报告人、现场工作人员及联系方式等对影响或可能影响到城镇居民集中饮用水水源的环境突发事件。上报的信息中，要对饮用水水源地的分布情况、供水范围、级别、规模和受到或可能受到污染危害的情况进行综合分析，对事件的发展趋势及时做出判断。

续报：以书面形式，在初报的基础上适时报告环境监测数据及相关数据（气象）、事件发生的原因、过程、进展情况、趋势，采取的应急措施，社会舆论等内容。

终报：应急终止后，对整个事件以书面形式进行综合整理分析，报告事件发生的原因，采取的措施，处置过程和结果，经验和教训，责任追究情况，事件潜在或间接的危害、社会影响，处理后的遗留问题等情况。

5.2.4　通报

（1）发生突发环境事件责任方，应及时向受影响和可能波及范围内的环境敏感区域通报，并向毗邻和可能波及的省（区、市）相关部门通报突发环境事件的情况。

发生跨界突发环境事件，当地人民政府及相关部门，在应急响应的同时，应当及时向毗邻和可能波及的地区人民政府及相关部门通报突发环境事件的情况。

发生跨国界突发环境事件，国务院有关部门向毗邻和可能波及的国家通报。

（2）接到通报的人民政府及相关部门，应当视情况及时通知本域内有关部门采取必要措施，当地政府向上级人民政府及相关部门报告，相关部门向本级人民政府和上级部门报告。

5.2.5 信息发布

应急指挥部（政府）负责突发环境事件信息的统一发布工作。信息发布要及时、准确，正确引导社会舆论。对于较为复杂的事故，可分阶段发布。

5.3 应急响应

5.3.1 预警

按照突发环境事件严重性、紧急程度和可能波及的范围，突发环境事件的预警分为四级特别重大（Ⅰ级）、重大（Ⅱ级））、较大（Ⅲ级）、一般（Ⅳ级），依次用红色、橙色、黄色、蓝色表示。根据事态的发展情况和采取措施的效果，预警级别可以升级、降级或解除。

蓝色预警由县级人民政府发布；

黄色预警由市（地）级人民政府发布；

橙色预警由省级人民政府发布；

红色预警由事发地省级人民政府根据国务院授权发布。

5.3.2 启动应急预案

当发布蓝色预警或确认发生一般级别以上突发环境事件后，当地县级政府应启动县级突发环境污染事件应急预案；

当发布黄色以上级别预警或确认发生较大以上级别突发环境事件，以及一般突发环境事件产生跨县级行政区域影响时，当地市级政府应启动市级突发环境事件应急预案；

当发布橙色、红色预警或确认发生重大以上级别突发环境事件，以及较大突发环境污染产生跨市级行政区域影响时，省级政府应启动省级突发环境事件应急预案；

当发布红色预警或确认发生特别重大突发环境多件以及发生跨省界、国界突发环境污染事件时，应启动国家突发环境事件应急预案。

5.3.3 成立应急指挥部

突发环境事件应急指挥部是突发环境事件处置的领导机构。指挥部由县级以上人民政府主要领导担任总指挥，成员由各相关人民政府、政府有关部门、企业负责人及专家组成。主要负责突发环境应急工作的组织、协调、指挥和调度。

应急指挥部负责组织指挥各成员单位开展突发环境事件的应急处置工作；设置应急处置现场指挥部；组织有关专家对突发环境事件应急处置工作提供技术和决策支持；负责确定向公众发布事件信息的时间和内容；事件终止认定及宣布事件影响解除，同时将有关情况向上级报告。

应急指挥部可根据污染事件的类型，下设污染处置组、应急监测组、医学救援组、应急保障组、新闻宣传组、社会稳定组、涉外事务组。

污染处置组：负责收集汇总相关数据，组织进行技术研判，开展事态分析；迅速组织切断污染源，分析污染途径，明确防止污染物扩散的程序；组织采取有效措施，消除或减轻已经造成的污染；明确不同情况下的现场处置人员须采取的个人防护措施；组织建立现场警戒区和交通管制区域，确定重点防护区域，确定受威胁人员疏散的方式和途径，疏散转移受威胁人员至安全紧急避险场所；协调军队、武警有关力量参与应急处置。

应急监测组：负责根据突发环境事件的污染物种类、性质以及当地气象、自然、社会环境状况等，明确相应的应急监测方案及监测方法；确定污染物扩散范围，明确监测的布点和频次，做好大气、水体、土壤等应急监测，为突发环境事件应急决策提供依据；协调军队力量参与应急监测。

医学救援组：负责组织开展伤病员医疗救治、应急心理援助；指导和协助开展受污染人员的去污洗消工作；提出保护公众健康的措施建议；禁止或限制受污染食品和饮用水的生产、加工、流通和食用，防范因突发环境事件造成集体中毒等。

应急保障组：负责指导做好事件影响区域有关人员的紧急转移和临时安置工作；组织做好环境应急救援物资及临时安置重要物资的紧急生产、储备调拨和紧急配送工作；及时组织调运重要生活必需品，保障群众基本生活和市场供应；开展应急测绘。

新闻宣传组：负责组织开展事件进展、应急工作情况等权威信息发布，加强新闻宣传报道；收集分析国内外舆情和社会公众动态，加强媒体、电信和互联网管理，正确引导舆论；通过多种方式，通俗、权威、全面、前瞻地做好相关知识普及；及时澄清不实信息，回应社会关切。

社会稳定组：负责加强受影响地区社会治安管理，严厉打击借机传播谣言、制造社会恐慌、哄抢物资等违法犯罪行为；加强转移人员安置点、救灾物资存放点等重点地区治安管控；做好受影响人员与涉事单位、地方人民政府及有关部门矛盾纠纷化解和法律服务工作，防止出现群体性事件，维护社会稳定；加强对重要生活必需品等商品的市场监管和调控，打击囤积居奇行为。

涉外事务组：负责根据需要向有关国家和地区、国际组织通报突发环境事件信息，协调处理对外交涉、污染检测、危害防控、索赔等事宜，必要时申请、接受国际援助。

工作组设置、组成和职责可根据工作需要作适当调整。

5.4 环境应急监测

应急监测是各级环保部门在应急工作中的重要法定职责。各级环保部门在现场应急指挥部的统一领导下组织开展应急监测工作。

突发环境事件的应急监测，是环境监测人员在事故可能影响的区域，按照监测规范，在第一时间制定应急监测方案，对污染物质的种类、数量、浓度、影响范围进行监测，分析变化趋势及可能的危害，为应急处置工作提供决策依据。

（1）制定应急监测方案

应急监测方案包括确定监测项目、监测范围、布设监测点位、监测频次、现场采样、现场与实验室分析、监测过程质量控制、监测数据整理分析、监测过程总结等，并根据处置情况适时调整应急监测方案。

（2）确定监测项目

确定监测项目是应急监测中的技术关键，对突发环境事件控制和处理处置有举足轻重的作用。对于已知固定源污染，可以从厂级的应急预案中获得各种污染物信息，如原料、中间体、产品中可能产生污染的物质来确定监测项目；对于已知流动源污染，可以从移动载体泄漏物中获得可能产生的污染物信息来确定监测项目；对于未知源污染，监测项目的确定须从事故的现场特征入手，结合事故周边的社会、人文、地理及可能产生污染的企事业单位情况，进行综合分析来确定监测项目。必要时须咨询专家意见。

（3）确定监测范围和布点

监测范围确定的原则是根据事发时污染物的特性、泄漏量、泄漏方式、迁移和转化规律、传播载体、气象、地形等条件确定突发环境污染事件的污染范围。在监测能力有限的情况下，按照人群密度大、影响人口多优先，环境敏感点或生态脆弱点优先，社会关注点优先，损失额度大优先的原则，确定监测范围。如果突发环境事件有衍生影响，则距离突发环境污染事件发生时间越长，监测范围越大。

应急监测阶段采样点的设置一般以突发环境事件发生地点为中心或源头，结合气象和水文等地形条件，在其扩散方向合理布点，其中环境敏感点、生态脆弱点、饮用水水源地和社会关注点应有采样点。应急监测不但应对突发环境污染事件污染的区域进行采样，同时也应在不会被污染的区域布设对照点位作为环境背景参照，在尚未受到污染的区域布设控制点也对污染带移动过程形成动态监测。

（4）现场采样与监测

现场采样应制定计划，采样人必须是专业人员。采样量应同时满足快速监测和实验室监测需要。采样频次主要根据污染状况、不同的环境区域功能和事故发生地的污染实际情况争取在最短时间内采集有代表性的样品。距离突发环境污染事件发生时间越短，采样频次应越高。如果突发环境事件有衍生影响，则采样频次应根据水文和气象条件变化与迁移状况形成规律，以增加样品随时空变化的代表性。现场采样方法及采样量、现场监测仪器和分析方法可参照相应的监测技术规范和有关标准，并做好质量控制和保证及记录工作。监测数据的整理分析应本着及时、快速报送的原则，以电话、传真、监测快报等形式立即上报给现场指挥部、当地环境保护行政主管部门。

5.5　突发环境事件现场应急处置

在突发环境事件应急处置过程中，环保部门在应急指挥部的统一领导下，本着以人为本、减少危害的原则，向应急指挥部（政府）提出抢险与救援建议，组织开展应急监测工作和污染源排查、污染控制工作。

5.5.1　抢险与救援

环保部门应根据现场情况，向应急指挥部（政府）提出抢险与救援建议。根据不同化学物质的理化特性和毒性，结合地质、气象等条件，提出疏散距离建议，提出向受害群众提供基本现场急救知识和建议。例如，提出通过加大供水深度处理、启用备用水源、水利工程调节、终止社会活动、生产自救等措施减少污染危害等建议。

5.5.2　控制和消除污染

（1）污染源排查

对固定源（如生产、使用、贮存危险化学品、危险废物的单位和工业污染源等），可通过采取对相关单位有关人员（如管理、技术人员和使用人员）调查询问方式，对企业生产工艺、原辅材料、产品等信息进行分析，对事故现场的遗留痕迹跟踪调查分析，以及采样对比分析方式，确定污染源等。

对流动源（危险化学品、危险废物运输）所引发的突发性环境事故，可通过对运输工具驾驶员、押运员的询问以及危险化学品的外包装、准运证、上岗证、驾驶证、车号等信息，确定运输危险化学品的名称、数量、来源、生产或使用单位也可通过污染事故现场的一些特征，如气味、挥发性、遇水的反应特性等，初步判断污染物质通过采样分析，确定污染物质等。

污染源排查的一般程序和内容：

1）根据接报的有关情况，组织环境监察、监测人员携带执法文书、取证设备以及有关快速监测设备，立即赶赴现场。

2）根据现场污染的表观现象（包括颜色、气味以及生物指示），初步判定污染物的种类，利用快速监测设备确定特征污染因子以及浓度。

3）根据特征污染因子，初步确定流域、区域内可能导致污染的行业。

4）根据污染因子的浓度、梯度关系，初步确定污染范围。

5）根据造成污染的后果，确定污染物量的大小，在确定的范围内，立即排查行业内的有关企业。

6）通过采用调阅运行记录等手段，检查企业排放口、污染处理设施及有关设备的运行状况，最终确定污染源。

（2）切断与控制污染源

通过采取停产、禁排、封堵、关闭等措施切断污染源，通过限产限排、加大治污效果等措施控制污染源。

（3）减轻与消除污染

采用拦截、覆盖、稀释、冷却降温、吸附、吸收等措施防止污染物扩散通过采取中和、固化、沉淀、降解、清理等措施减轻或消除污染。

5.5.3 专家组工作指导

各级环保部门根据突发环境事件应急工作需要，建立由不同行业、不同部门组成的专家库。专家库一般应包括监测、危险化学品、生态保护、环境评估、卫生、化工、水利、水文、船舶污染控制、气象、农业、水利等方面专家。

应急指挥部根据现场应急工作需要组成专家组，参与突发环境污染事件应急工作指导突发环境事件应急处置，为应急处置提供决策依据。

发生突发环境污染事件，专家组迅速对事件信息进行分析、评估，提出应急处置方案和建议；根据事件进展情况和形势动态，提出相应的对策和意见对突发环境污染事件的危害范围、发展趋势作出科学预测；参与污染程度、危害范围、事件等级的判定，对污染区域的隔离与解禁、人员撤离与返回等重大防护措施的决策提供技术依据；指导各应急分队进行应急处理与处置指导环境应急工作的评价，进行事件的中长期环境影响评估。

5.6　终止

（1）应急终止的条件

凡符合下列条件之一的，即满足应急终止条件：

1）事件现场得到控制，事件条件已经消除；

2）污染源的泄漏或释放已降至规定限值以内，且事件所造成的危害已经被消除，无继发可能；

3）事件现场的各种专业应急处置行动已无继续的必要；

4）采取了必要的防护措施以保护公众免受再次危害，并使事件可能引起的中长期影响趋于合理且尽量低的水平。

（2）应急终止的程序

1）现场指挥部确认终止时机或由事件责任单位提出，经现场指挥部批准；

2）现场指挥部向所属各专业应急救援队伍下达应急终止命令；

3）应急状态终止后，相关类别环境事件专业应急指挥部应根据政府有关指示和实际情况，继续进行环境监测和评价工作，直至其他补救措施无须继续进行为止。

第 6 章　应急处置阶段环境损害评估

突发环境事件应急处置阶段环境损害评估是对突发环境事件发生后，从应急处置行动开始到应急处置行动结束所致的人身损害、财产损害以及生态环境损害的范围和程度进行初步评估，对应急处置阶段可量化的应急处置费用、人身损害、财产损害、生态环境损害等各类直接经济损失进行计算，对生态功能丧失程度进行划分。

6.1　环境损害评估概述

（1）国家有关规定

2011 年 5 月 25 日，环境保护部印发《关于开展环境污染损害鉴定评估工作的若干意见》（环发〔2011〕60 号），要求开展突发环境事件环境污染损害鉴定评估工作，并在山东、河南、河北、江苏、湖南、重庆、昆明市、深圳市 8 个省市开展了试点工作。

2013 年 8 月 2 日，环境保护部印发《突发环境事件应急处置阶段污染损害评估工作程序规定》（环发〔2013〕85 号），要求县级以上环境保护主管部门在突发环境事件应急处置工作结束后，可以委托有关司法鉴定机构或者环境污染损害鉴定评估机构开展污染损害评估工作，评估结论要向社会公开。

2014 年 6 月 9 日，环境保护部印发《突发环境事件应急处置阶段污染损害评估技术规范（征求意见稿）》，在全国征求意见，目前正式文件还未印发。

（2）全国工作开展情况

2014 年 1 月 6 日，环保部印发《关于下发环境损害鉴定评估推荐机构名录（第一批）的通知》，确定了第一批 12 家环境损害鉴定评估推荐机构，其中环保部直属机构 4 家，省级环保部门 8 家，此外河北、河南、深圳、山西、江苏也在地方环科院、监测站、学会等相关单位挂牌成立环境损害鉴定评估机构。

近年来，开展比较好的环境损害鉴定评估案例包括：2011 年杭州新安江苯酚泄漏事件、2012 年广西龙江河镉污染事件、2012 年湖南郴州锑浓度异常事件、2013 年青岛黄岛区输油管道泄漏事件。

6.2 评估内容与评估程序

（1）评估内容

应急处置阶段损害评估工作内容包括：计算应急处置阶段可量化的应急处置费用、人身损害、财产损害、生态环境损害等各类直接经济损失；划分生态功能丧失程度；判断是否需要启动中长期损害评估。

直接经济损失指与突发环境事件有直接因果关系的损害，为人身损害、财产损害、应急处置费用以及应急处置阶段可以确定的其他直接经济损失的总和。

应急处置费用指突发环境事件应急处置期间，为减轻或消除对公众健康、公私财产和生态环境造成的危害，各级政府与相关单位针对可能或已经发生的突发环境事件而采取的行动和措施所发生的费用。

人身损害指因突发环境事件导致人的生命、健康、身体遭受侵害，造成人体疾病、伤残、死亡或精神状态的可观察的或可测量的不利改变。

财产损害指因突发环境事件直接造成的财产损毁或价值减少，以及为保护财产免受损失而支出的必要的、合理的费用。

生态环境损害指由于突发环境事件直接或间接地导致生态环境的物理、化学或生物特性的可观察的或可测量的不利改变，以及提供生态系统服务能力的破坏或损伤。

（2）评估程序

应急处置阶段损害评估工作程序包括：开展评估前期准备、启动评估工作（初步判断较大以上的突发环境事件制定工作方案）、信息获取、损害确认、损害量化、判断是否启动中长期损害评估以及编写评估报告。应急处置阶段损害评估工作程序见图 6-1。

6.3　评估方法

6.3.1　信息获取

（1）信息获取内容

自然地理信息：污染发生前以及发生后影响区域的自然灾害、地形地貌、降雨量、气象、水文水利条件以及遥感影像数据等信息。

应急处置信息：应急处置工作的参与机构、职责分工、应急处置方案内容以及应急监测数据等信息。

人体健康信息：影响区域人口数量、分布、正常状况下的人口健康状况、历史患病情况等基线信息以及突发环境事件发生后出现的诊疗与住院等人体健康损害信息。

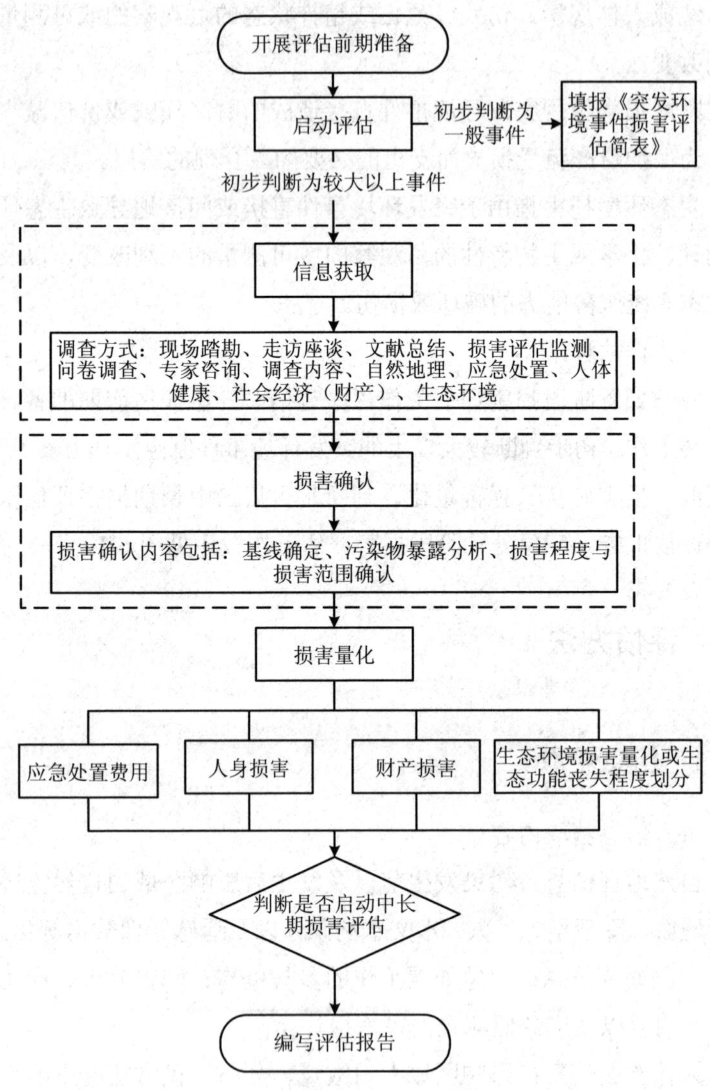

图 6-1 突发环境事件应急处置阶段的损害评估工作程序

社会经济活动信息：包括影响区域旅游业、渔业、种植业等基线状况以及突发环境事件造成的财产损害等信息。

生态环境信息：影响区域内生物种类与空间分布、种群密度、环境功能区划等背景资料和数据；污染者的生产、生活和排污情况；排放或倾倒的污染物的种类、性质、排放量、可能的迁移转化方式以及事件发生前后影响区域内的污染物浓度等资料和信息。

（2）信息获取方式

1）现场踏勘。在影响区域勘查并记录现场状况，了解人群健康、财产、生态环境损害程度，判断应急处置措施的合理性。

2）走访座谈。走访座谈影响区域的相关部门、企业、有关群众，收集环境监测、水文水力、土壤、渔业资源等历史环境质量数据和应急监测信息，调查污染损害的污染发生时间、发生地点、发生原因、影响程度以及污染源等信息，了解应急处置方案、方案实施效果、应急处置费用、人身损害、财产损害与其他损害的相关信息。

3）文献总结。回顾并总结关于污染物理化性质及其健康与生态毒性影响、影响区域基线信息等相关文献。

4）损害评估监测。损害评估监测对象主要包括环境空气、水环境（包括地下水环境）、土壤、农作物、水产品、野生动植物以及受影响人群等。根据初步确定的影响区域与污染受体的特征，确定监测方案，开展优化布点、现场采样、样品运送、检测分析、数据收集、结合卫星拍摄和无人机航拍等手段开展综合分析等。

基于现场踏勘初步结果，合理设置影响区域污染受体及基线水平的监测点位。

样品的布点、采样、运输、质量保证、实验分析应该依照相关标准和技术规范进行。财产损害监测可以参考 NY/T 398、GB/T 8855 等技术规范；环境介质监测可以参考 HJ/T 91、HJ/T 164、HJ/T 166、

HJ/T 193、HJ/T 194、HJ 589 等技术规范；生物资源监测可以参考 NY/T 1669、DB 53/T 391、HJ 710.1～HJ 710.11、《关于发布全国生物物种资源调查相关技术规定（试行）的公告》等技术规范。

5）问卷调查。向政府相关部门、企事业单位、组织和个人发放调查问卷（表），调查内容与指标根据具体事件的特点确定。

调查结束后，对数据进行分析与审核，确保数据真实可靠，对审核不合格的问卷要求重新填报。

6）专家咨询

对于损害的程度和范围确定、损害的计算等问题可采用专家咨询法。

6.3.2 损害确认

（1）基线确定

通过历史数据或对照区域数据对比分析，判断突发环境事件发生前受影响区域的人群健康、农作物等财产以及生态环境基线状况。

对照区域应该在距离污染发生地较近，没有受到污染事件的影响，且在污染发生前农作物等生物资源类型、物种丰度、生态系统服务等与污染区域相同或相似的区域选取，例如，对于流域水污染事件，对照区域可以选取污染发生河流断面的上游。

（2）污染物暴露分析

根据突发环境事件的污染物排放特征、污染物特性以及事件发生地的水动力学、空气动力学条件选择合适的模型进行污染物的暴露分析。

（3）损害确认原则

1）应急处置费用

①费用在应急处置阶段产生。

②应急处置费用是以控制污染源或生态破坏行为、减少经济社会影响为目的，依据有关部门制定的应急预案或基于现场调查的处置、监测方案采取行动而发生的费用。

2）人身损害

人身损害的确认主要以流行病学调查资料及个体暴露的潜伏期和特有临床表现为依据，应满足以下条件：

①环境暴露与人身损害间存在严格的时间先后顺序。环境暴露发生在前，个体症状或体征发生在后。

②个体或群体存在明确的环境暴露。人体经呼吸道、消化道或皮肤接触等途径暴露于环境污染物，且环境介质中污染物与污染源排放或倾倒的污染物具有一致性或直接相关性。

③个体或群体因环境暴露而表现出特异性症状、体征或严重的非特异性症状，排除其他非环境因素如职业病、地方病等所致的相似健康损害。

④由专业医疗或鉴定机构出具的鉴定意见。

3）财产损害

财产损害的确认应满足下列条件：

①被污染财产暴露于污染发生区域。

②污染与损害发生的时间次序合理，污染排放发生在先，损害发生在后。

③财产所有者为防止财产和健康损害的继续扩大，对被污染财产进行清理并产生的费用。

④财产所有者非故意将财产暴露于被污染的环境中，且在采取了合理的、必要的应急处置措施以后，被污染财产仍无法正常使用或使用功能下降。

4）生态环境损害

生态环境损害的确认应满足下列条件：

①环境暴露与环境损害间存在时间先后顺序。即环境暴露发生在前，环境损害发生在后。

②环境暴露与环境损害间的关联具有合理性。环境暴露导致环境损害的机理可由生物学、毒理学等理论做出合理解释。

③环境暴露与环境损害间的关联具有一致性。环境暴露与环境损害间的关联在不同时间、地点和研究对象中得到重复性验证。

④环境暴露与环境损害间的关联具有特异性。环境损害发生在特定的环境暴露条件下，不因其他原因导致。由于环境暴露与环境损害间可能存在单因多果、多因多果等复杂因果关系，因此，环境暴露与环境损害间关联的特异性不作强制性要求。

⑤存在明确的污染来源和污染排放行为。直接或间接证据表明污染源存在明确的污染排放行为，包括物证、书证、证人证言、笔录、视听资料等。

⑥空气、地表水、地下水、土壤等环境介质中存在污染物，且与污染源产生或排放的污染物（或污染物的转化产物）具有一致性。

⑦污染物传输路径的合理性。当地气候气象、地形地貌、水文条件等自然环境条件存在污染物从污染源迁移至污染区域的可能，且其传输路径与污染源排放途径相一致。

⑧评估区域内环境介质（地表水、地下水、空气、土壤等）中污染物浓度超过基线水平或国家及地方环境质量标准；或评估区域环境介质中的生物种群出现死亡、数量下降等现象。

（4）损害程度与损害范围确认

根据前期的现场调查与信息获取情况，确定损害程度以及损害范围。损害范围包括损害类型、损害发生的时间范围与空间范围。

6.3.3　损害量化

对突发环境事件应急处置阶段可量化的应急处置费用、人身损害、财产损害等各类直接经济损失进行计算；对突发环境事件发生后短期内可量化的生态环境损害进行货币化；对生态功能丧失程度进行判断。

6.3.3.1　应急处置费用

应急处置费用包括应急处置阶段各级政府与相关单位为预防或者减少突发环境事件造成的各类损害支出的污染控制、污染清理、应急监测、人员转移安置等费用。应急处置费用按照直接市场价值法评估。下面列举几项常见的费用计算方法。

（1）污染控制费用

污染控制包括从源头控制或减少污染物的排放，以及为防止污染物继续扩散而采取的措施，如投加药剂、筑坝截污等。见式（6-1）：

污染控制费用=材料和药剂费+设备或房屋租赁费+行政支出费用+应急设备维修或重置费用+专家技术咨询费　　（6-1）

其中，行政支出费用指在应急处置过程中发生的餐费、人员费、交通费、印刷费、通信费、水电费以及必要的防护费用等；应急设备维修或重置费用指在应急处置过程中应急设备损坏后发生的维修成本或重置成本。其中维修成本按实际发生的维修费用计算。重置成本的计算见式（6-2）和式（6-3）：

重置成本=重置价值（元）×（1–年均折旧率（%）×已使用年限）×损坏率　　（6-2）

其中：

年均折旧率=（1–预计净残值率）×100%/总使用年限 （6-3）

重置价值指重新购买设备的费用。

（2）污染清理费用

污染清理费用指对污染物进行清除、处理和处置的应急处置措施，包括清除、处理和处置被污染的环境介质与污染物以及回收应急物资等产生的费用。

（3）应急监测费用

应急监测费用指在突发环境事件应急处置期间，为发现和查明环境污染情况和污染损害范围而进行的采样、监测与检测分析活动所发生的费用。可以按照以下两种方法计算：

方法一：按照应急监测发生的费用项计算（具体费用项以及计算方法参见“污染控制费用”。）

方法二：按照事件发生所在地区物价部门核定的环境监测、卫生疾控、农林渔业等部门监测项目收费标准和相关规定计算费用，见式（6-4）：

应急监测费用=样品数量（单样/项）×样品检测单价+样品数量（点/个/项）×样品采样单价+交通运输等其他费用（6-4）

（4）人员转移安置费用

人员转移安置费用指应急处置阶段，对受影响和威胁的人员进行疏散、转移和安置所发生的费用。计算项目与方法参见“污染控制费用”的计算方法。

6.3.3.2 人身损害

人身损害包括：①个体死亡；②按照《人体损伤残疾程度鉴定

标准》明确诊断为伤残；③临床检查可见特异性或严重的非特异性临床症状或体征、生化指标或物理检查结果异常，按照《疾病和有关健康问题的国际统计分类》（ICD-10）明确诊断为某种或多种疾病；④虽未确定为死亡、伤残或疾病，为预防人体出现不可逆转的器质性或功能性损伤而必须采取临床治疗或行为干预。

（1）人身损害计算范围

1）就医治疗支出的各项费用以及因误工减少的收入，包括医疗费、误工费、护理费、交通费、住宿费、住院伙食补助费、必要的营养费。

2）致残的，还应当增加生活上需要支出的必要费用以及因丧失劳动能力导致的收入损失，包括残疾赔偿金、残疾辅助器具费、被扶养人生活费，以及因康复护理、继续治疗实际发生必要的康复费、护理费、后续治疗费。

3）致死的，还应当包括丧葬费、被抚养人生活费、死亡补偿费以及受害人亲属办理丧葬事宜支出的交通费、住宿费和误工损失等其他合理费用。

（2）人身损害计算方法

人身损害中医疗费、误工费、护理费、交通费、住宿费、住院伙食补助费、营养费、残疾赔偿金、残疾辅助器具费、被抚养人生活费、丧葬费、死亡补偿费等费用的计算可以参考《最高人民法院关于审理人身损害赔偿案件适用法律若干问题的解释》。

6.3.3.3　财产损害

常见的财产损害有固定资产损害、流动资产损害、农产品损害、林产品损害以及清除污染的额外支出等。

（1）固定资产损害

指突发环境事件造成单位或个人的设备等固定资产由于受到污染而损毁，如管道或设备受到腐蚀无法正常运行等情况，此类财产损害可按照修复费用法或重置成本法计算，具体计算方法参见“污染控制费用”计算方法中应急设备维修或重置费用的计算方法。

（2）流动资产损害

指生产经营过程中参加循环周转，不断改变其形态的资产，如原料、材料、燃料、在制品、半成品、成品等的经济损失。在计算中，按不同流动资产种类分别计算并汇总，见式（6-5）。

$$流动资产损失=流动资产数量\times购置时价格-残值 \tag{6-5}$$

式中，残值指财产损坏后的残存价值，应由专业技术人员或专业资产评估机构进行定价评估。

（3）农产品损害

指突发环境事件导致的农产品产量损失和农产品质量经济损失，可以参考《农业环境污染事故司法鉴定经济损失估算实施规范》（SF/Z JD0601001）、《渔业污染事故经济损失计算方法》（GB/T 21678）和《农业环境污染事故损失评价技术准则》（NY/T 1263）等技术规范计算。

（4）林产品损害

指由于突发环境事件造成的林产品和树木的损毁或价值减少，林产品和树木损毁的损失直接利用市场价值法计算。

（5）清除污染的额外支出

指个人或单位为防止财产继续暴露于污染环境中导致损失进一步扩大而支出的污染物清理或清除费用，如清理受污染财产的费用、生产企业额外支出的污染治理费用等。

6.3.3.4　生态环境损害

（1）生态功能丧失程度的判断

生态环境损害按照生态功能丧失程度进行判断，具体划分标准如表 6-1 所示。

表 6-1　影响区域生态功能丧失程度划分标准

具体指标	全部丧失	部分丧失
污染物在环境介质中浓度	环境介质中的污染物浓度水平较高，且预计较长时间内难以恢复至基线浓度水平	环境介质中的污染物浓度水平较高，且预计 1 年内难以恢复至基线浓度水平
优势物种死亡率	≥50%	＜50%
生态群落结构	发生永久改变	发生改变，需要 1 年以上的恢复时间
休闲娱乐服务功能	旅游人数与往年同期或事件发生前相比下降 80%以上，且预计较长时间内难以恢复原有水平	旅游人数与往年同期或事件发生前相比下降 50%～80%，且预计在 1 年内难以恢复原有水平

（2）生态环境损害量化计算方法

突发环境事件发生后，如果环境介质（水、空气、土壤、沉积物等）中的污染物浓度在两周内恢复至基线水平，环境介质中的生物种类和丰度未观测到明显改变，可以参考 HJ 627—2011 中的评估方法或虚拟治理成本法进行计算，计算出的生态环境损害，可作为生态环境损害赔偿的依据，不计入直接经济损失。

虚拟治理成本是指工业企业或污水处理厂治理等量的排放到环境中的污染物应该花费的成本，即污染物排放量与单位污染物虚拟治理成本的乘积。单位污染物虚拟治理成本是指突发环境事件发生地的工业企业或污水处理厂单位污染物治理平均成本（含固定资产折旧）。在量化生态环境损害时，可以根据受污染影响区域的环境功能敏感程度分别乘以 1.5～10 的倍数作为环境损害数额的上下限值，确定原则见表 6-2。利用虚拟治理成本法计算得到的环境损害可以作为生态环境损害赔偿的依据。

表 6-2 利用虚拟治理成本法确定生态环境损害数额的原则

环境功能区类型	生态环境损害数额
地表水	
Ⅰ 类	＞虚拟治理成本的 8 倍
Ⅱ 类	虚拟治理成本的 6～8 倍
Ⅲ 类	虚拟治理成本的 4.5～6 倍
Ⅳ 类	虚拟治理成本的 3～4.5 倍
Ⅴ 类	虚拟治理成本的 1.5～3 倍
地下水污染	
Ⅰ 类	＞虚拟治理成本的 10 倍
Ⅱ 类	虚拟治理成本的 8～10 倍
Ⅲ 类	虚拟治理成本的 6～8 倍
Ⅳ 类	虚拟治理成本的 4～6 倍
Ⅴ 类	虚拟治理成本的 2～4 倍
环境空气污染	
Ⅰ 类	＞虚拟治理成本的 5 倍
Ⅱ 类	虚拟治理成本的 3～5 倍
Ⅲ 类	虚拟治理成本的 1.5～3 倍
土壤污染	
Ⅰ 类	＞虚拟治理成本的 8 倍
Ⅱ 类	虚拟治理成本的 4～8 倍
Ⅲ 类	虚拟治理成本的 2～4 倍

注：本表中所指的环境功能区类型以现状功能区为准。

突发环境事件发生后，如果需要对生态环境进行修复或恢复，且修复或恢复方案在开展应急处置阶段的环境损害评估规定期限内可以完成，则根据生态环境的修复或恢复方案实施费用计算生态环境损害，根据修复或恢复费用计算得到的生态环境损害计入直接经济损失，具体的计算方法参见《环境损害鉴定评估推荐方法（第II版）》。

6.3.3.5　判断是否启动中长期损害评估

（1）人身损害中长期评估判定原则

发生下列情形之一的，需开展人身损害的中长期评估：

1）已发生的污染物暴露对人体健康可能存在长期的、潜伏性的影响；

2）突发环境事件与人身损害间的因果关系在短期内难以判定；

3）应急处置行动结束后，环境介质中的污染物浓度水平对公众健康的潜在威胁无法在短期内完全消除，需要对周围的敏感人群采取搬迁等防护措施的；

4）人身损害的受影响人群较多，在突发环境事件应急处置阶段的环境损害评估规定期限内难以完成评估的。

（2）财产损害中长期评估判定原则

发生下列情形之一的，需开展财产损害的中长期评估：

1）已发生的污染物暴露对财产有可能存在长期的和潜伏性的影响；

2）突发环境事件与财产损害间的因果关系在短期内难以判定；

3）应急处置行动结束后，环境介质中的污染物浓度水平对财产的潜在威胁没有完全消除，需要采取进一步的防护措施的；

4）财产损害的受影响范围较大，在突发环境事件应急处置阶段的环境损害评估规定的期限内难以完成评估的。

（3）生态环境损害中长期评估判定原则

发生下列情形之一的，需开展生态环境损害的中长期评估：

1）应急处置行动结束后，环境介质中的污染物浓度水平超过了基线水平并在 1 年内难以恢复至基线水平，以环境介质受到长期损害为判定原则；

①地表水资源

判断地表水资源是否需启动中长期损害评估，主要是判断影响区域内的地表水资源是否由于污染物的排放或倾倒在物理或化学质量上产生了以下 1 个或多个现象，且该现象在 1 年内无法消除：

现象 1：影响区域地表水中的污染物质浓度超过国家和地方建立的水质标准，包括：《地表水环境质量标准》（GB 3838—2002）、《生活饮用水卫生规范》（GB 5749—2006）、《城市供水水质标准》（CJ/T 206—2005）、《景观娱乐用水水质标准》（GB 12941—91）、《农业灌溉水质标准》（GB 5084—92）、《渔业水质标准》（GB 11607—89）等环境质量标准、饮用水标准和供水系统标准。

现象 2：影响区域地表水中的污染物质浓度明显超过对照区域地表水中的污染物质浓度，并且影响区域分析结果与对照区域进行对比，两者存在明显的统计学差异。

②沉积物（底质）资源

判断沉积物（底质）资源是否需启动中长期损害评估，主要是判断影响区域内的沉积物（底质）资源是否由于污染物质的排放或倾倒在物理或化学质量上产生了以下 1 个或多个现象，且该现象在 1 年内无法消除：

现象 1：影响区域沉积物（底质）中的污染物质浓度超过国家和地方建立的沉积物质量标准，鉴于我国没有专门的水环境沉积物（底质）质量标准，可参考《土壤环境质量标准》（GB 15618—1995）和《海洋沉积物质量》（GB 18668—2002）。当不能满足分析要求时，可参考国际的沉积物标准，如沉积物环境质量基准（Sediment Quality Guidelines，SQGs）。

现象 2：影响区域沉积物（底质）中的污染物质浓度明显超过对照区域沉积物（底质）中的污染物质浓度，并且影响区域分析结果与对照区域进行对比，两者存在明显的统计学差异。

③地下水资源

判断地下水资源是否需启动中长期损害评估，主要是判断影响区域内的地下水资源是否由于污染物的排放或倾倒在物理或化学质量上产生了以下 1 个或多个现象，且该现象在 1 年内无法消除：

现象 1：影响区域地下水中的污染物质浓度超过国家和地方建立的水质标准，包括：《地下水质量标准》（GB/T 14848—93）、《生活饮用水卫生规范》（GB 5749—2006）、《城市供水水质标准》（CJ/T 206—2005）、《农业灌溉水质标准》（GB 5084—92）等环境质量标准、饮用水标准和供水系统标准。

现象 2：影响区域地下水中的污染物质浓度明显超过对照区域地下水中的污染物质浓度，并且影响区域分析结果与对照区域进行对比，两者存在明显的统计学差异。

④土壤资源

判断土壤资源是否需启动中长期损害评估，主要是判断影响区域内的土壤资源是否由于污染物的排放或倾倒在物理或化学质量上产生了以下 1 个或多个现象，且该现象在 1 年内无法消除：

现象 1：损害区域土壤中的污染物质浓度超过国家和地方建立的环境标准：《土壤环境质量标准》（GB 15618—1995）。

现象 2：损害区域土壤中的污染物质浓度明显超过对照区域土

壤中的污染物质浓度，并且影响区域分析结果与对照区域进行对比，两者存在明显的统计学差异。

2）应急处置行动结束后，环境介质中的污染物的浓度水平或应急处置行动产生二次污染对公众健康或生态环境构成的潜在威胁没有完全消除，应以对公众健康和生态环境具有潜在风险为原则。

①对公众健康具有潜在风险的条件

同时满足下列3个条件的，可认定为对公众健康构成了潜在威胁：

a）污染物属于易迁移转化、易浸出、生物毒性大的物质；

b）环境介质中的污染物与周边人群存在不可避免的暴露途径，如受污染的水是唯一的灌溉或饮用水水源等；

c）污染物在受影响人群长期接触、食用的介质中的浓度超过了人体健康风险基准。

②对生态环境具有潜在风险的条件

同时满足下列3个条件的，可认定为对生态环境构成潜在威胁：

a）污染物属于易迁移转化、易浸出、生物毒性大的物质；

b）环境介质中的污染物与生物种群存在不可避免的暴露途径；

c）污染物在环境介质中的浓度超过了生态风险基准。

第 7 章　职责及法律依据

7.1　政府部门法定职责

7.1.1　风险控制

（1）环境风险评估

1）《国务院关于加强环境保护重点工作的意见》

2011 年 10 月 17 日,《国务院关于加强环境保护重点工作的意见》（国发〔2011〕35 号）：“（四）有效防范环境风险和妥善处置突发环境事件。开展重点流域、区域环境与健康调查研究。（六）严格化学品环境管理。把环境风险评估作为危险化学品项目评估的重要内容，提高化学品生产的环境准入条件和建设标准。”

2）《突发事件应急预案管理办法》

2013 年 11 月 25 日，《突发事件应急预案管理办法》（国办发〔2013〕101 号）：“第十五条　编制应急预案应当在开展风险评估和应急资源调查的基础上进行。”

3）《企业事业单位突发环境事件应急预案备案管理办法（试行）》

2015 年 1 月 8 日,《企业事业单位突发环境事件应急预案备案管理办法（试行）》（环发〔2015〕4 号）：“第六条　县级以上地方环境保护主管部门可以参照有关突发环境事件风险评估标准或指导性技术文件，结合实际指导企业确定其突发环境事件风险等级。”

4）《水污染防治行动计划》

2015年4月2日，《水污染防治行动计划》（国发〔2015〕17号）：“第二十二条　严格环境风险控制。防范环境风险。定期评估沿江河湖库工业企业、工业集聚区环境和健康风险，落实防控措施。”

5）《关于加快推进生态文明建设的意见》

2015年4月25日，国务院《关于加快推进生态文明建设的意见》：“（二十七）加强统计监测。提高环境风险防控和突发环境事件应急能力，健全环境与健康调查、监测和风险评估制度。”

6）《突发环境事件应急管理办法》

2015年6月5日，《突发环境事件应急管理办法》（环境保护部令　第34号）：“第十一条　县级以上地方环境保护主管部门应当按照本级人民政府的统一要求，开展本行政区域突发环境事件风险评估工作，分析可能发生的突发环境事件，提高区域环境风险防范能力。”

7）《“十三五”生态环境保护规划》

2016年11月24日，国务院关于印发《“十三五”生态环境保护规划》的通知：“第六章　实行全程管控，有效防范和降低环境风险　加强风险评估与源头防控。完善企业突发环境事件风险评估制度，推进突发环境事件风险分类分级管理，严格重大突发环境事件风险企业监管。”

（2）环境风险隐患排查检查

1）《国务院关于加强环境保护重点工作的意见》

2011年10月17日，《国务院关于加强环境保护重点工作的意见》（国发〔2011〕35号）：“（六）严格化学品环境管理。对化学品生产经营企业进行环境隐患排查，强化安全保障措施。”

2）《突发环境事件应急管理办法》

2015年6月5日，《突发环境事件应急管理办法》（环境保护部令 第34号）：“第九条 企业事业单位应当按照环境保护主管部门的有关要求和技术规范，完善突发环境事件风险防控措施；第十二条 县级以上地方环境保护主管部门应当对企业事业单位环境风险防范和环境安全隐患排查治理工作进行抽查或者突击检查，将存在重大环境安全隐患且整治不力的企业信息纳入社会诚信档案，并可以通报行业主管部门、投资主管部门、证券监督管理机构以及有关金融机构。”

3）《中华人民共和国大气污染防治法》

2016年1月1日，《中华人民共和国大气污染防治法》（中华人民共和国主席令 第31号）：“第七十八条 国务院环境保护主管部门应当会同国务院卫生行政部门，根据大气污染物对公众健康和生态环境的危害和影响程度，公布有毒有害大气污染物名录，实行风险管理。

排放前款规定名录中所列有毒有害大气污染物的企业事业单位，应当按照国家有关规定建设环境风险预警体系，对排放口和周边环境进行定期监测，评估环境风险，排查环境安全隐患，并采取有效措施防范环境风险。”

（3）环境应急联动机制建设

1）《水污染防治行动计划》

2015年4月2日，《水污染防治行动计划》（国发〔2015〕17号）：“第十九条 提升监管水平。完善流域协作机制。健全跨部门、区域、流域、海域水环境保护议事协调机制。流域上下游各级政府、各部门之间要加强协调配合、定期会商，实施联合监测、联合执法、应急联动、信息共享。”

2）《突发环境事件应急管理办法》

2015 年 6 月 5 日，《突发环境事件应急管理办法》（环境保护部令　第 34 号）：“第五条　县级以上地方环境保护主管部门应当按照本级人民政府的要求，会同有关部门建立健全突发环境事件应急联动机制，加强突发环境事件应急管理。相邻区域地方环境保护主管部门应当开展跨行政区域的突发环境事件应急合作，共同防范、互通信息，协力应对突发环境事件。”

7.1.2　应急准备

（1）环境应急预案备案管理

1）《中华人民共和国固体废物污染环境防治法》

2005 年 4 月 1 日，《中华人民共和国固体废物污染环境防治法》（中华人民共和国主席令　第 31 号）：“第六十二条　产生、收集、贮存、运输、利用、处置危险废物的单位，应当制定意外事故的防范措施和应急预案，并向所在地县级以上地方人民政府环境保护行政主管部门备案；环境保护行政主管部门应当进行检查。”

2）《突发环境事件应急预案管理暂行办法》

2010 年 9 月 28 日，《突发环境事件应急预案管理暂行办法》（环发〔2010〕113 号）：“第五条　县级以上人民政府环境保护主管部门应当根据有关法律、法规、规章和相关应急预案，按照相应的环境应急预案编制指南，结合本地区的实际情况，编制环境应急预案，由本部门主要负责人批准后发布实施。

县级以上人民政府环境保护主管部门应当结合本地区实际情况，编制国家法定节假日、国家重大活动期间的环境应急预案。”

3）《集中式地表饮用水水源地环境应急管理工作指南》

2011 年 7 月 29 日，《集中式地表饮用水水源地环境应急管理工作指南（试行）》（环办〔2011〕93 号）：“环保部门应建议政府完善水源地应急预案体系。水源地应急预案体系应包括政府总体应急预案、饮用水突发环境事件应急预案、环保（水务、卫生等）部门突发环境事件应急预案、风险源突发环境事件应急预案、连接水体防控工程技术方案、水源地应急监测方案等。”

4）《关于加强环境保护重点工作的意见》

2011 年 10 月 17 日，国务院《关于加强环境保护重点工作的意见》（国发〔2011〕35 号）：“制定切实可行的环境应急预案，配备必要的应急救援物资和装备，加强环境应急管理、技术支撑和处置救援队伍建设，定期组织培训和演练。”

5）《突发事件应急预案管理办法》

2013 年 11 月 25 日，《突发事件应急预案管理办法》（国办发〔2013〕101 号）：“应急预案按照制定主体划分，分为政府及其部门应急预案、单位和基层组织应急预案两大类。”

6）《企业事业单位突发环境事件应急预案备案管理办法（试行）》

2015 年 1 月 8 日，《企业事业单位突发环境事件应急预案备案管理办法（试行）》（环发〔2015〕4 号）：“第十三条　受理部门应当将环境应急预案备案的依据、程序、期限以及需要提供的文件目录、备案文件范例等在其办公场所或网站公示；

第二十条　县级以上地方环境保护主管部门应当及时将备案的环境应急预案汇总、整理、归档，建立环境应急预案数据库，并将其作为制定政府和部门环境应急预案的重要基础；

第二十一条　县级以上环境保护主管部门应当对备案的环境应急预案进行抽查，指导企业持续改进环境应急预案。县级以上环境保护主管部门抽查企业环境应急预案，可以采取档案检查、实地核查等方式。抽查可以委托专业技术服务机构开展相关工作。县级以上环境保护主管部门应当及时汇总分析抽查结果，提出环境应急预案问题清单，推荐环境应急预案范例，制定环境应急预案指导性要求，加强备案指导。”

7）《突发环境事件调查处理办法》

2015 年 3 月 1 日，《突发环境事件调查处理办法》（环境保护部令 第 32 号）：“第十二条 对环保部门的调查内容：按规定编制环境应急预案和对预案进行评估、备案、演练等的情况，以及按规定对突发环境事件发生单位环境应急预案实施备案管理的情况。”

8）《水污染防治行动计划》

2015 年 4 月 2 日，《水污染防治行动计划》（国发〔2015〕17 号）：“第二十二条 地方各级人民政府要制定和完善水污染事故处置应急预案，落实责任主体，明确预警预报与响应程序、应急处置及保障措施等内容，依法及时公布预警信息。”

9）《突发环境事件应急管理办法》

2015 年 6 月 5 日，《突发环境事件应急管理办法》（环境保护部令 第 34 号）：“第十四条 县级以上地方环境保护主管部门应当根据本级人民政府突发环境事件专项应急预案，制定本部门的应急预案，报本级人民政府和上级环境保护主管部门备案。”

10）《国家突发事件应急体系建设“十三五”规划》

2017 年 1 月 12 日，《国务院办公厅关于印发国家突发事件应急体系建设“十三五”规划的通知》（国办发〔2017〕2 号）：“3.5.4.2 组织编写应急预案编制指南，完善风险评估和应急资源调查流程，指导规范各级各类应急预案编制工作。”

（2）环境应急演练

1）《突发事件应急预案管理办法》

2013 年 11 月 25 日，《突发事件应急预案管理办法》（国办发

〔2013〕101 号）：“第二十二条　应急预案编制单位应当建立应急演练制度，根据实际情况采取实战演练、桌面推演等方式，组织开展人员广泛参与、处置联动性强、形式多样、节约高效的应急演练。

专项应急预案、部门应急预案至少每 3 年进行一次应急演练。”

2）《突发环境事件调查处理办法》

2015 年 3 月 1 日，《突发环境事件调查处理办法》（环境保护部令　第 32 号）：“第十二条　对环保部门的调查内容：按规定编制环境应急预案和对预案进行评估、备案、演练等的情况。”

3）《突发环境事件应急管理办法》

2015 年 6 月 5 日，《突发环境事件应急管理办法》（环境保护部令　第 34 号）：“第十五条　突发环境事件应急预案制定单位应当定期开展应急演练，撰写演练评估报告，分析存在问题，并根据演练情况及时修改完善应急预案。”

（3）环境应急预警

1）《突发环境事件应急管理办法》

2015 年 6 月 5 日，《突发环境事件应急管理办法》（环境保护部令　第 34 号）：“第十六条　环境污染可能影响公众健康和环境安全时，县级以上地方环境保护主管部门可以建议本级人民政府依法及时公布环境污染公共监测预警信息，启动应急措施。”

2）《“十三五”生态环境保护规划》

2016 年 11 月 24 日，国务院关于印发《“十三五”生态环境保护规划》的通知：“第六章　实行全程管控，有效防范和降低环境风险。严格环境风险预警管理。强化重污染天气、饮用水水源地、有毒有害气体、核安全等预警工作，开展饮用水水源地水质生物毒性、化工园区有毒有害气体等监测预警试点。”

（4）突发环境事件信息收集

《突发环境事件应急管理办法》

2015 年 6 月 5 日，《突发环境事件应急管理办法》（环境保护部令　第 34 号）："第十七条　县级以上地方环境保护主管部门应当建立本行政区域突发环境事件信息收集系统，通过"12369"环保举报热线、新闻媒体等多种途径收集突发环境事件信息，并加强跨区域、跨部门突发环境事件信息交流与合作。"

（5）环境应急值守

《突发环境事件应急管理办法》

2015 年 6 月 5 日，《突发环境事件应急管理办法》（环境保护部令　第 34 号）："第十八条　县级以上地方环境保护主管部门应当建立健全环境应急值守制度，确定应急值守负责人和应急联络员并报上级环境保护主管部门。"

（6）环境应急知识宣传、教育和培训

1）《国务院关于加强环境保护重点工作的意见》

2011 年 10 月 17 日，《国务院关于加强环境保护重点工作的意见》（国发〔2011〕35 号）："（四）有效防范环境风险和妥善处置突发环境事件。加强环境应急管理、技术支撑和处置救援队伍建设，定期组织培训和演练。"

2）《水污染防治行动计划》

2015 年 4 月 2 日，《水污染防治行动计划》（国发〔2015〕17 号）："第十九条　提升监管水平。提高环境监管能力。加强环境应急等专业技术培训。"

3）《突发环境事件应急管理办法》

2015 年 6 月 5 日，《突发环境事件应急管理办法》（环境保护部令　第 34 号）："第七条　环境保护主管部门应当加强突发环境事件应急管理的宣传和教育，鼓励公众参与，增强防范和应对突发环境事件的知识和意识；

第二十条 县级以上环境保护主管部门应当定期对从事突发环境事件应急管理工作的人员进行培训。”

（7）三支队伍建设

1）《国务院关于加强环境保护重点工作的意见》

2011 年 10 月 17 日，《国务院关于加强环境保护重点工作的意见》（国发〔2011〕35 号）：“（四）有效防范环境风险和妥善处置突发环境事件。加强环境应急管理、技术支撑和处置救援队伍建设，定期组织培训和演练。”

2）《突发环境事件应急管理办法》

2015 年 6 月 5 日，《突发环境事件应急管理办法》（环境保护部令 第 34 号）：“第二十条 省级环境保护主管部门以及具备条件的市、县级环境保护主管部门应当设立环境应急专家库。”

（8）环境应急能力建设和物资管理

1）《国家环境保护“十二五”规划》

2011 年 12 月 15 日，《国家环境保护“十二五”规划》（国发〔2011〕42 号）：“六、完善环境保护基本公共服务体系—（三）加强环境监管体系建设。强化环境应急能力标准化建设。”

2）《突发环境事件应急管理办法》

2015 年 6 月 5 日，《突发环境事件应急管理办法》（环境保护部令 第 34 号）：“第二十条 县级以上地方环境保护主管部门和企业事业单位应当加强环境应急处置救援能力建设；

第二十一条 县级以上地方环境保护主管部门应当加强环境应急能力标准化建设，配备应急监测仪器设备和装备，提高重点流域区域水、大气突发环境事件预警能力；

第二十二条　县级以上地方环境保护主管部门可以根据本行政区域的实际情况，建立环境应急物资储备信息库，有条件的地区可以设立环境应急物资储备库。”

3）《“十三五”生态环境保护规划》

2016 年 11 月 24 日，国务院关于印发《“十三五”生态环境保护规划》的通知：“第六章　实行全程管控，有效防范和降低环境风险。建设国家环境应急救援实训基地，加强环境应急管理队伍、专家队伍建设，强化环境应急物资储备和信息化建设，增强应急监测能力。推动环境应急装备产业化、社会化，推进环境应急能力标准化建设。”

4）《国家突发事件应急体系建设“十三五”规划》

2017 年 1 月 12 日，《国务院办公厅关于印发国家突发事件应急体系建设“十三五”规划的通知》（国办发〔2017〕2 号）：“3.3.3.1 加强应急物资保障体系建设，健全应急物资实物储备、社会储备和生产能力储备管理制度；推进应急物资综合信息管理系统建设，完善应急物资紧急生产、政府采购、收储轮换、调剂调用机制，提高应急物资综合协调、分类分级保障能力。”

（9）应急指挥平台建设

1）《“十三五”生态环境保护规划》

2016 年 11 月 24 日，国务院关于印发《“十三五”生态环境保护规划》的通知：“第六章　实行全程管控，有效防范和降低环境风险。建立健全突发环境事件应急指挥决策支持系统，完善环境风险源、敏感目标、环境应急能力及环境应急预案等数据库。”

2）《国家突发事件应急体系建设“十三五”规划》

2017 年 1 月 12 日，《国务院办公厅关于印发国家突发事件应急体系建设“十三五”规划的通知》（国办发〔2017〕2 号）：“3.3.1 提升应急平台支撑能力。加强基层应急平台终端信息采集能力建设，实现突发事件视频、图像、灾情等信息的快速报送。推进‘互联网+’在应急平台中的应用。”

7.1.3　应急处置

（1）“第一时间报告信息”

1）《中华人民共和国固体废物污染环境防治法》

2005 年 4 月 1 日，《中华人民共和国固体废物污染环境防治法》（中华人民共和国主席令　第 31 号）：“第六十四条　在发生或者有证据证明可能发生危险废物严重污染环境、威胁居民生命财产安全时，县级以上地方人民政府环境保护行政主管部门或者其他固体废物污染环境防治工作的监督管理部门必须立即向本级人民政府和上一级人民政府有关行政主管部门报告，由人民政府采取防止或者减轻危害的有效措施。有关人民政府可以根据需要责令停止导致或者可能导致环境污染事故的作业。”

2）《中华人民共和国水污染防治法》

2017 年 6 月 27 日，《中华人民共和国水污染防治法》（中华人民共和国主席令　第 87 号）：“第七十八条　环境保护主管部门接到报告后，应当及时向本级人民政府报告，并抄送有关部门。”

3）《突发环境事件信息报告办法》

2011 年 5 月 1 日，《突发环境事件信息报告办法》（环境保护部令　第 17 号）：“第三条　突发环境事件发生地设区的市级或者县级人民政府环境保护主管部门在发现或者得知突发环境事件信息后，应当立即进行核实，对突发环境事件的性质和类别做出初步认定。对初步认定为一般（Ⅳ级）或者较大（Ⅲ级）突发环境事件的，事件发生地设区的市级或者县级人民政府环境保护主管部门应当在四小时内向本级人民政府和上一级人民政府环境保护主管部门报告。

对初步认定为重大（Ⅱ级）或者特别重大（Ⅰ级）突发环境事件的，事件发生地设区的市级或者县级人民政府环境保护主管部门应当在两小时内向本级人民政府和省级人民政府环境保护主管部门报告，同时上报环境保护部。省级人民政府环境保护主管部门接到报告后，应当进行核实并在一小时内报告环境保护部。突发环境事件处置过程中事件级别发生变化的，应当按照变化后的级别报告信息。”

4）《国家突发环境事件应急预案》

2014 年 12 月 29 日，《国家突发环境事件应急预案》（国办函〔2014〕119 号）：“3.3，事发地环境保护主管部门接到突发环境事件信息报告或监测到相关信息后，应当立即进行核实，对突发环境事件的性质和类别作出初步认定，按照国家规定的时限、程序和要求向上级环境保护主管部门和同级人民政府报告。地方各级人民政府及其环境保护主管部门应当按照有关规定逐级上报，必要时可越级上报。”

5）《突发环境事件调查处理办法》

2015 年 3 月 1 日，《突发环境事件调查处理办法》（环境保护部令　第 32 号）：“第十二条　对环保部门的调查内容：按规定赶赴现场并及时报告的情况；接到相邻行政区域突发环境事件信息后，相关环境保护主管部门按规定调查了解并报告的情况。”

6）《突发环境事件应急管理办法》

2015 年 6 月 5 日，《突发环境事件应急管理办法》（环境保护部令　第 34 号）：“第二十四条　获知突发环境事件信息后，事件发生地县级以上地方环境保护主管部门应当按照《突发环境事件信息报告办法》规定的时限、程序和要求，向同级人民政府和上级环境保护主管部门报告。”

（2）及时通报信息

1）《突发环境事件信息报告办法》

2011年5月1日，《突发环境事件信息报告办法》（环境保护部令 第17号）："第八条 突发环境事件已经或者可能涉及相邻行政区域的，事件发生地环境保护主管部门应当及时通报相邻区域同级人民政府环境保护主管部门，并向本级人民政府提出向相邻区域人民政府通报的建议。接到通报的环境保护主管部门应当及时调查了解情况，并按照本办法第三条、第四条的规定报告突发环境事件信息。"

2）《国家突发环境事件应急预案》

2014年12月29日，《国家突发环境事件应急预案》（国办函〔2014〕119号）："3.3 因生产安全事故导致突发环境事件的，安全监管等有关部门应当及时通报同级环境保护主管部门。事发地环境保护主管部门接到突发环境事件信息报告或监测到相关信息后，应当立即进行核实，并通报同级其他相关部门。突发环境事件已经或者可能涉及相邻行政区域的，事发地人民政府或环境保护主管部门应当及时通报相邻行政区域同级人民政府或环境保护主管部门。"

3）《突发环境事件调查处理办法》

2015年3月1日，《突发环境事件调查处理办法》（环境保护部令 第32号）："第十二条 对环保部门的调查内容：突发环境事件已经或可能涉及相邻行政区域时，事发地环境保护主管部门向已经或者可能涉及相邻行政区域环境保护主管部门的通报情况。"

4）《突发环境事件应急管理办法》

2015年6月5日，《突发环境事件应急管理办法》（环境保护部令 第34号）："第二十五条 突发环境事件已经或者可能涉及相邻行政区域的，事件发生地环境保护主管部门应当及时通报相邻区域同级环境保护主管部门，并向本级人民政府提出向相邻区域人民政府通报的建议。”

（3）“第一时间赶赴现场”排查污染源

1）《国家突发环境事件应急预案》

2014 年 12 月 29 日，《国家突发环境事件应急预案》（国办函〔2014〕119 号）：“4.2.1 现场污染处置：当涉事企业事业单位或其他生产经营者不明时，由当地环境保护主管部门组织对污染来源开展调查，查明涉事单位，确定污染物种类和污染范围，切断污染源。”

2）《突发环境事件调查处理办法》

2015 年 3 月 1 日，《突发环境事件调查处理办法》（环境保护部令 第 32 号）：“第十二条 按规定赶赴现场并及时报告的情况。”

3）《突发环境事件应急管理办法》

2015 年 6 月 5 日，《突发环境事件应急管理办法》（环境保护部令 第 34 号）：“第二十六条 获知突发环境事件信息后，县级以上地方环境保护主管部门应当立即组织排查污染源，初步查明事件发生的时间、地点、原因、污染物质及数量、周边环境敏感区等情况。”

（4）及时提出建议，配合政府开展应急处置

1）《危险化学品安全管理条例》

2011 年 12 月 1 日，《危险化学品安全管理条例》（中华人民共和国国务院令 第 591 号）：“第六条 环境保护主管部门负责废弃危险化学品处置的监督管理，依照职责分工调查相关危险化学品环境污染事故和生态破坏事件。”

2）《国家突发环境事件应急预案》

2014 年 12 月 29 日，《国家突发环境事件应急预案》（国办函〔2014〕119 号）：“4.1 初判发生特别重大、重大突发环境事件，分

别启动Ⅰ级、Ⅱ级应急响应，由事发地省级人民政府负责应对工作；初判发生较大突发环境事件，启动Ⅲ级应急响应，由事发地设区的市级人民政府负责应对工作；初判发生一般突发环境事件，启动Ⅳ级应急响应，由事发地县级人民政府负责应对工作。”

3）《中华人民共和国环境保护法》

2015年1月1日，《中华人民共和国环境保护法》（中华人民共和国主席令　第9号）：“第四十七条　各级人民政府及其有关部门和企业事业单位，应当依照《中华人民共和国突发事件应对法》的规定，做好突发环境事件的风险控制、应急准备、应急处置和事后恢复等工作。”

4）《突发环境事件调查处理办法》

2015年3月1日，《突发环境事件调查处理办法》（环境保护部令　第32号）：“第十二条　对环保部门的调查内容：按职责向履行统一领导职责的人民政府提出突发环境事件处置建议的情况。”

5）《突发环境事件应急管理办法》

2015年6月5日，《突发环境事件应急管理办法》（环境保护部令　第34号）：“第二十八条　应急处置期间，事发地县级以上地方环境保护主管部门应当组织开展事件信息的分析、评估，提出应急处置方案和建议报本级人民政府。”

6）《“十三五”生态环境保护规划》

2016年11月24日，国务院关于印发《“十三五”生态环境保护规划》的通知：“第六章　实行全程管控，有效防范和降低环境风险。强化突发环境事件应急处置管理。健全国家、省、市、县四级联动的突发环境事件应急管理体系，深入推进跨区域、跨部门的突发环境事件应急协调机制，健全综合应急救援体系，建立社会化应急救援机制。完善突发环境事件现场指挥与协调制度，以及信息报告和公开机制。加强突发环境事件调查、突发环境事件环境影响和损失评估制度建设。”

（5）“第一时间提出发布信息的建议”

1）《危险化学品安全管理条例》

2011 年 12 月 1 日，《危险化学品安全管理条例》（中华人民共和国国务院令　第 591 号）：“第七十四条　危险化学品事故造成环境污染的，由设区的市级以上人民政府环境保护主管部门统一发布有关信息。”

2）《关于进一步做好突发环境事件信息公开工作的通知》

2014 年 5 月 20 日，《关于进一步做好突发环境事件信息公开工作的通知》（环办函〔2014〕593 号）：“做好突发环境事件信息发布工作。突发环境事件发生后，要认真研判事件影响和等级，对重特大突发环境事件，涉及有毒有害气体、饮用水、重金属、居民聚居区、学校、医院以及可能引发群体性事件等敏感突发环境事件，要及时向本级政府提出信息发布建议。及时发布事件动态、处置进展等情况，对污染原因、责任调查等情况要严格把关，认真核实。建立突发环境事件信息发布协调机制，明确跨行政区域突发环境事件信息发布形式，统筹协调，确保信息的一致性和权威性。发生重污染天气情况时，参照突发环境事件信息发布有关要求，协调本级政府，及时发布预警等级、监测数据、应对措施、健康防护建议等信息，最大限度降低重污染天气的社会影响。突发环境事件信息可通过政府公报、新闻发布会、媒体通气会、政府负责人访谈等形式，经报纸、电视、广播、网站、手机短信、微博、微信等媒介发布。”

3）《国家突发环境事件应急预案》

2014 年 12 月 29 日，《国家突发环境事件应急预案》（国办函〔2014〕119 号）：“4.2.6　通过政府授权发布、发新闻稿、接受记者采访、举行新闻发布会、组织专家解读等方式，借助电视、广播、报纸、互联网等多种途径，主动、及时、准确、客观向社会发布突发环境事件和应对工作信息，回应社会关切，澄清不实信息，正确引导社会舆论。”

4）《突发环境事件调查处理办法》

2015年3月1日，《突发环境事件调查处理办法》（环境保护部令　第32号）：“第十二条　对环保部门的调查内容：按职责向履行统一领导职责的人民政府提出突发环境事件信息发布建议的情况。”

5）《突发环境事件应急管理办法》

2015年6月5日，《突发环境事件应急管理办法》（环境保护部令　第34号）：“第三十五条　突发环境事件发生后，县级以上地方环境保护主管部门应当认真研判事件影响和等级，及时向本级人民政府提出信息发布建议。履行统一领导职责或者组织处置突发事件的人民政府，应当按照有关规定统一、准确、及时发布有关突发事件事态发展和应急处置工作的信息。”

（6）“第一时间开展应急监测”

1）《危险化学品安全管理条例》

2011年12月1日，《危险化学品安全管理条例》（中华人民共和国国务院令　第591号）：“第六条　环境保护主管部门负责危险化学品事故现场的应急环境监测。”

2）《突发环境事件调查处理办法》

2015年3月1日，《突发环境事件调查处理办法》（环境保护部令　第32号）：“第十二条　对环保部门的调查内容：按规定组织开展环境应急监测的情况。”

3）《突发环境事件应急管理办法》

2015年6月5日，《突发环境事件应急管理办法》（环境保护部

令　第 34 号）：“第二十七条　获知突发环境事件信息后，县级以上地方环境保护主管部门应当按照《突发环境事件应急监测技术规范》开展应急监测，及时向本级人民政府和上级环境保护主管部门报告监测结果。”

4）《中华人民共和国大气污染防治法》

2016 年 1 月 1 日，《中华人民共和国大气污染防治法》（中华人民共和国主席令　第 31 号）：“第九十七条　发生造成大气污染的突发环境事件，人民政府及其有关部门和相关企业事业单位，应当依照《中华人民共和国突发事件应对法》《中华人民共和国环境保护法》的规定，做好应急处置工作。环境保护主管部门应当及时对突发环境事件产生的大气污染物进行监测，并向社会公布监测信息。”

7.1.4　事后恢复

（1）“第一时间开展事件调查”

1）《危险化学品安全管理条例》

2011 年 12 月 1 日，《危险化学品安全管理条例》（中华人民共和国国务院令　第 591 号）：“第六条　环境保护主管部门负责废弃危险化学品处置的监督管理，依照职责分工调查相关危险化学品环境污染事故和生态破坏事件。”

2）《国家突发环境事件应急预案》

2014 年 12 月 29 日，《国家突发环境事件应急预案》（国办函〔2014〕119 号）：“5.2　突发环境事件发生后，根据有关规定，由环境保护主管部门牵头，可会同监察机关及相关部门，组织开展事件调查，查明事件原因和性质，提出整改防范措施和处理建议。”

3）《突发环境事件调查处理办法》

2015 年 3 月 1 日，《突发环境事件调查处理办法》（环境保护部

令　第32号）：“第四条　环境保护部负责组织重大和特别重大突发环境事件的调查处理；省级环境保护主管部门负责组织较大突发环境事件的调查处理；事发地设区的市级环境保护主管部门视情况组织一般突发环境事件的调查处理。上级环境保护主管部门可以视情况委托下级环境保护主管部门开展突发环境事件调查处理，也可以对由下级环境保护主管部门负责的突发环境事件直接组织调查处理，并及时通知下级环境保护主管部门。下级环境保护主管部门对其负责的突发环境事件，认为需要由上一级环境保护主管部门调查处理的，可以报请上一级环境保护主管部门决定。

第五条　突发环境事件调查应当成立调查组，由环境保护主管部门主要负责人或者主管环境应急管理工作的负责人担任组长，应急管理、环境监测、环境影响评价管理、环境监察等相关机构的有关人员参加。环境保护主管部门可以聘请环境应急专家库内专家和其他专业技术人员协助调查。环境保护主管部门可以根据突发环境事件的实际情况邀请公安、交通运输、水利、农业、卫生、安全监管、林业、地震等有关部门或者机构参加调查工作。调查组可以根据实际情况分为若干工作小组开展调查工作。工作小组负责人由调查组组长确定；调查组可以根据实际情况分为技术组、管理组、综合组等若干工作小组开展调查工作（来自办法解读文件）；综合组、技术组、检测组、评估组、管理组、专家组（来自广西龙江镉污染事件调查）。

第七条　开展突发环境事件调查，应当制定调查方案，明确职责分工、方法步骤、时间安排等内容；

第八条　开展突发环境事件调查，应当对突发环境事件现场进行勘查，并可以采取以下措施：（1）通过取样监测、拍照、录像、制作现场勘查笔录等方法记录现场情况，提取相关证据材料；

（2）进入突发环境事件发生单位、突发环境事件涉及的相关单位或者工作场所，调取和复制相关文件、资料、数据、记录等；（3）根据调查需要，对突发环境事件发生单位有关人员、参与应急处置工作的知情人员进行询问，并制作询问笔录。开展突发环境事件调查，应当制作调查案卷，并由组织突发环境事件调查的环境保护主管部门归档保存；

第十四条　开展突发环境事件调查，应当在查明突发环境事件基本情况后，编写突发环境事件调查报告；

第十六条　特别重大突发环境事件、重大突发环境事件的调查期限为六十日；较大突发环境事件和一般突发环境事件的调查期限为三十日。突发环境事件污染损害评估所需时间不计入调查期限。调查组应当按照前款规定的期限完成调查工作，并向同级人民政府和上一级环境保护主管部门提交调查报告。调查期限从突发环境事件应急状态终止之日起计算。”

4）《突发环境事件应急管理办法》

2015 年 6 月 5 日，《突发环境事件应急管理办法》（环境保护部令　第 34 号）：“第三十二条　县级以上环境保护主管部门应当按照有关规定开展事件调查，查清突发环境事件原因，确认事件性质，认定事件责任，提出整改措施和处理意见。”

（2）及时组织开展应急处置阶段污染损害评估

1）《关于开展环境污染损害鉴定评估工作的若干意见》

2011 年 5 月 25 日，《关于开展环境污染损害鉴定评估工作的若干意见》（环发〔2011〕60 号），确定了环境污染损害鉴定评估的指导思想、工作原则和工作目标，并提出了《环境污染损害数额计算推荐方法（第 I 版）》。2011—2012 年为探索试点阶段；2013—2015 年为重点突破阶段，强化国家和试点地区环境污染损害鉴定评估队伍的能力建设；2016—2020 年为全面推进阶段，完善相关评估技术与管理规范，推进相关立法进程，基本形成覆盖全国的环境污染损害鉴定评估工作能力。

2）《国家环境保护“十二五”规划》

2011 年 12 月 15 日，《国家环境保护“十二五”规划》（国发〔2011〕42 号）：“五、加强重点领域环境风险防控—（一）推进环境风险全过程管理：建立环境事故处置和损害赔偿恢复机制。将有效防范和妥善应对重大突发环境事件作为地方人民政府的重要任务，纳入环境保护目标责任制。推进环境污染损害鉴定评估机构建设，建立鉴定评估工作机制，完善损害赔偿制度。建立损害评估、损害赔偿以及损害修复技术体系。健全环境污染责任保险制度，研究建立重金属排放等高环境风险企业强制保险制度。”

3）《突发环境事件应急处置阶段污染损害评估工作程序规定》

2013 年 8 月 2 日，《突发环境事件应急处置阶段污染损害评估工作程序规定》（环发〔2013〕85 号）：“第三条　县级以上环境保护主管部门按照同级人民政府应对突发环境事件的安排部署，组织开展的污染损害评估工作适用本规定；

第六条　县级以上环境保护主管部门应当在突发环境事件发生后及时开展污染损害评估前期工作，并在应急处置工作结束后及时制定评估工作方案，组织开展污染损害评估工作；

第七条　对于初步认定为特别重大和重大、较大、一般突发环境事件的，分别由所在地省级、地市级、县级环境保护主管部门组织开展污染损害评估工作。对于初步认定为一般突发环境事件的，可以不开展污染损害评估工作。跨行政区域突发环境事件的污染损害评估，由相关地方环境保护主管部门协调解决；

第八条　县级以上环境保护主管部门可以委托有关司法鉴定机

构或者环境污染损害鉴定评估机构开展污染损害评估工作，编制评估报告，并组织专家对评估报告进行技术审核；

第九条　污染损害评估应当于应急处置工作结束后30个工作日内完成。情况特别复杂的，经省级环境保护主管部门批准，可以延长30个工作日。”

4）《环境损害鉴定评估推荐机构名录（第一批）》

2014年1月6日，《环境损害鉴定评估推荐机构名录（第一批）》（环办〔2014〕3号），公布了12家推荐机构，国家系统4家（中国环境监测总站、环境保护部华南环境科学研究所、环境保护部环境规划院环境风险与损害鉴定评估研究中心、中国环境科学学会环境损害鉴定评估中心）、其他省份8家（天津市环境污染损害鉴定评估中心、浙江省环境保护科学设计研究院、安徽省环境科学研究院、山东省环境科学研究院、湖南省环境保护科学研究院、广东省环境科学研究院、重庆市环境科学研究院（重庆市环境监测中心）、昆明环境污染损害司法鉴定中心）。

相关说明：（1）推荐名单不属于行政许可，不具备强制力，环保部门可以向当事人推荐没有列入名录的鉴定评估机构；（2）环境损害鉴定评估机构根据当事人委托自主独立开展环境损害鉴定评估工作。

5）《环境损害鉴定评估推荐方法（第Ⅱ版）》

2014年10月24日，《环境损害鉴定评估推荐方法（第Ⅱ版）》（环办〔2014〕90号），对《环境污染损害数额计算推荐方法（第Ⅰ版）》进行了修订，并更名为《环境损害鉴定评估推荐方法（第Ⅱ版）》。适用范围为：因污染环境或破坏生态行为（包括突发环境事件）导致人身、财产、生态环境损害、应急处置费用和其他事务性费用的鉴定评估。突发环境事件应急处置阶段环境损害评估适用《突发环境事件应急处置阶段环境损害评估技术规范》。

6）《国家突发环境事件应急预案》

2014 年 12 月 29 日，《国家突发环境事件应急预案》（国办函〔2014〕119 号）："5.1　突发环境事件应急响应终止后，要及时组织开展污染损害评估，并将评估结果向社会公布。评估结论作为事件调查处理、损害赔偿、环境修复和生态恢复重建的依据。突发环境事件损害评估办法由环境保护部制定。"

7）《突发环境事件应急处置阶段环境损害评估推荐方法》

2014 年 12 月 31 日，《突发环境事件应急处置阶段环境损害评估推荐方法》（环办〔2014〕118 号），规定了损害评估的工作程序、评估内容、评估方法和报告编写等内容，适用于在中华人民共和国领域内突发环境事件应急处置阶段的环境损害评估工作。

8）《中华人民共和国环境保护法》

2015 年 1 月 1 日，《中华人民共和国环境保护法》（中华人民共和国主席令　第 9 号）："第四十七条　突发环境事件应急处置工作结束后，有关人民政府应当立即组织评估事件造成的环境影响和损失，并及时将评估结果向社会公布。"

9）《突发环境事件调查处理办法》

2015 年 3 月 1 日，《突发环境事件调查处理办法》（环境保护部令　第 32 号）："第十条　环境保护主管部门应当按照所在地人民政府的要求，根据突发环境事件应急处置阶段污染损害评估工作的有关规定，开展应急处置阶段污染损害评估。应急处置阶段污染损害评估报告或者结论是编写突发环境事件调查报告的重要依据；

第十二条　对环保部门的调查内容：按规定开展突发环境事件污染损害评估的情况；

第十三条　对地方人民政府的调查内容：组织开展突发环境事

件污染损害评估履职情况。”

10）《突发环境事件应急管理办法》

2015 年 6 月 5 日，《突发环境事件应急管理办法》（环境保护部令 第 34 号）：“第三十一条 县级以上地方环境保护主管部门应当在本级人民政府的统一部署下，组织开展突发环境事件环境影响和损失等评估工作，并依法向有关人民政府报告。”

11）《中华人民共和国大气污染防治法》

2016 年 1 月 1 日，《中华人民共和国大气污染防治法》（中华人民共和国主席令 第 31 号）：“第二十八条 国务院环境保护主管部门会同有关部门，建立和完善大气污染损害评估制度。”

12）《环境损害鉴定评估推荐机构名录（第二批）》

2016 年 2 月 4 日，《环境损害鉴定评估推荐机构名录（第二批）》（环办政法〔2016〕10 号），公布了 17 家推荐机构，国家系统 2 家（中国环境科学研究院、环境保护部南京环境科学研究所）、其他省份 15 家（北京市环境保护科学研究院、山西省环境污染损害司法鉴定中心、辽宁省环境科学研究院、黑龙江省环境科学研究院、上海市环境科学研究院、江苏省环境科学研究院、福建省环境科学研究院（福建历思司法鉴定所）、河南省环境保护科学研究院、湖北省环境科学研究院、广西环境监测中心站、四川省环境保护科学研究院、贵州省环境科学研究设计院、甘肃省环境科学设计研究院、新疆环境保护科学研究院、绍兴市环境监测中心站（绍兴市环保科技服务中心）。

（3）及时公开突发环境事件相关信息

公开内容包括：突发环境事件调查结论、环境污染损害评估结论、突发环境事件定期统计分析、突发环境事件发生单位的环境违法信息。

1）《突发环境事件应急处置阶段污染损害评估工作程序规定》

2013年8月2日,《突发环境事件应急处置阶段污染损害评估工作程序规定》（环发〔2013〕85号）：“第十条　组织开展污染损害评估的环境保护主管部门应当于评估报告技术审核通过后20个工作日内，将评估报告报送同级人民政府和上一级环境保护主管部门，并将评估结论向社会公开。”

2）《关于进一步做好突发环境事件信息公开工作的通知》

2014年5月20日，《关于进一步做好突发环境事件信息公开工作的通知》（环办函〔2014〕593号）：“做好突发环境事件应对情况的定期公开。要定期对突发环境事件进行汇总分析，每季度在政府门户网站上主动公开行政区内所有突发环境事件应对处置情况。及时公开公民、法人或者其他组织申请获取的突发环境事件信息。定期汇总行政区内重污染天气发生及预警发布情况，总结应对经验，评估处置措施效果，并按季度向社会公开。”

3）《国家突发环境事件应急预案》

2014年12月29日，《国家突发环境事件应急预案》（国办函〔2014〕119号）：“5.1　突发环境事件应急响应终止后，要及时组织开展污染损害评估，并将评估结果向社会公布。”

4）《中华人民共和国环境保护法》

2015年1月1日，《中华人民共和国环境保护法》（中华人民共和国主席令　第9号）：“第四十七条　突发环境事件应急处置工作结束后，有关人民政府应当立即组织评估事件造成的环境影响和损失，并及时将评估结果向社会公布；

第五十四条　县级以上人民政府环境保护主管部门和其他负有环境保护监督管理职责的部门，应当依法公开突发环境事件信息；

第六十八条　地方各级人民政府、县级以上人民政府环境保护主管部门和其他负有环境保护监督管理职责的部门有下列行为之一的，对直接负责的主管人员和其他直接责任人员给予记过、记大过或者降级处分；造成严重后果的，给予撤职或者开除处分，其主要负责人应当引咎辞职：应当依法公开环境信息而未公开的。”

5）《突发环境事件调查处理办法》

2015 年 3 月 1 日，《突发环境事件调查处理办法》（环境保护部令 第 32 号）：“第十七条 环境保护主管部门应当依法向社会公开突发环境事件的调查结论、环境影响和损失的评估结果等信息；

第二十条 环境保护主管部门应当将突发环境事件发生单位的环境违法信息记入社会诚信档案，并及时向社会公布。”

6）《突发环境事件应急管理办法》

2015 年 6 月 5 日，《突发环境事件应急管理办法》（环境保护部令 第 34 号）：“第三十六条 县级以上地方环境保护主管部门应当对本行政区域内突发环境事件进行汇总分析，定期向社会公开突发环境事件的数量、级别，以及事件发生的时间、地点、应急处置概况等信息。”

（4）依法进行责任追究

1）《中华人民共和国大气污染防治法》

2016 年 1 月 1 日，《中华人民共和国大气污染防治法》（中华人民共和国主席令 第 31 号）：“第一百二十二条 违反本法规定，造成大气污染事故的，由县级以上人民政府环境保护主管部门依照本条第二款的规定处以罚款；对直接负责的主管人员和其他直接责任人员可以处上一年度从本企业事业单位取得收入百分之五十以下的罚款。对造成一般或者较大大气污染事故的，按照污染事故造成直接损失的一倍以上三倍以下计算罚款；对造成重大或者特大大气污染事故的，按照污染事故造成的直接损失的三倍以上五倍以下计算罚款。”

2）《中华人民共和国固体废物污染环境防治法》

2016 年 1 月 1 日，《中华人民共和国固体废物污染环境防治法》（中华人民共和国主席令　第 31 号）：“第一百二十二条　违反本法规定，造成大气污染事故的，由县级以上人民政府环境保护主管部门依照本条第二款的规定处以罚款；对直接负责的主管人员和其他直接责任人员可以处上一年度从本企业事业单位取得收入百分之五十以下的罚款。

对造成一般或者较大大气污染事故的，按照污染事故造成直接损失的一倍以上三倍以下计算罚款；对造成重大或者特大大气污染事故的，按照污染事故造成的直接损失的三倍以上五倍以下计算罚款。”

3）《中华人民共和国突发事件应对法》

2007 年 11 月 1 日，《中华人民共和国突发事件应对法》：“第六十三条　地方各级人民政府和县级以上各级人民政府有关部门违反本法规定，不履行法定职责的，由其上级行政机关或者监察机关责令改正；有下列情形之一的，根据情节对直接负责的主管人员和其他直接责任人员依法给予处分：1.未按规定采取预防措施，导致发生突发事件，或者未采取必要的防范措施，导致发生次生、衍生事件的；2.迟报、谎报、瞒报、漏报有关突发事件的信息，或者通报、报送、公布虚假信息，造成后果的；3.未按规定及时发布突发事件警报、采取预警期的措施，导致损害发生的；4.未按规定及时采取措施处置突发事件或者处置不当，造成后果的；5.不服从上级人民政府对突发事件应急处置工作的统一领导、指挥和协调的；6.未及时组织开展生产自救、恢复重建等善后工作的；7.截留、挪用、私分或者变相私分应急救援资金、物资的；8.不及时归还征用的单位和个人的财产，或者对被征用财产的单位和个人不按规定给予补偿的；

第六十四条　有关单位有下列情形之一的，由所在地履行统一领导职责的人民政府责令停产停业，暂扣或者吊销许可证或者营业执照，并处五万元以上二十万元以下的罚款；构成违反治安管理行为的，由公安机关依法给予处罚：

（1）未按规定采取预防措施，导致发生严重突发事件的；

（2）未及时消除已发现的可能引发突发事件的隐患，导致发生严重突发事件的；

（3）未做好应急设备、设施日常维护、检测工作，导致发生严重突发事件或者突发事件危害扩大的；

（4）突发事件发生后，不及时组织开展应急救援工作，造成严重后果的。”

4）《中华人民共和国水污染防治法》

2017 年 6 月 27 日，《中华人民共和国水污染防治法》（中华人民共和国主席令　第 87 号）：“第九十四条　企业事业单位违反本法规定，造成水污染事故的，除依法承担赔偿责任外，由县级以上人民政府环境保护主管部门依照本条第二款的规定处以罚款，责令限期采取治理措施，消除污染；未按照要求采取治理措施或者不具备治理能力的，由环境保护主管部门指定有治理能力的单位代为治理，所需费用由违法者承担；对造成重大或者特大水污染事故的，还可以报经有批准权的人民政府批准，责令关闭；对直接负责的主管人员和其他直接责任人员可以处上一年度从本单位取得的收入百分之五十以下的罚款；有《中华人民共和国环境保护法》第六十三条规定的违法排放水污染物等行为之一，尚不构成犯罪的，由公安机关对直接负责的主管人员和其他直接责任人员处十日以上十五日以下的拘留；情节较轻的，处五日以上十日以下的拘留。

对造成一般或者较大水污染事故的，按照水污染事故造成的直接损失的百分之二十计算罚款；对造成重大或者特大水污染事故的，按照水污染事故造成的直接损失的百分之三十计算罚款。”

5）《中华人民共和国刑法》

2011年5月1日，《中华人民共和国刑法修正案（八）》“第三百三十八条 【污染环境罪】违反国家规定，排放、倾倒有毒物质或者其他有害物质，严重污染环境的，处三年以下有期徒刑或者拘役，并处或者单处罚金；后果特别严重的，处三年以上七年以下有期徒刑，并处罚金。

第四百零八条 【环境监管失职罪】负有环境保护监督管理职责的国家机关工作人员严重不负责任，导致发生重大环境污染事故，致使公私财产遭受重大损失或者造成人身伤亡的严重后果的，处三年以下有期徒刑或者拘役。”

6）《最高人民法院、最高人民检察院关于办理环境污染刑事案件适用法律若干问题的解释》

2013年6月19日，《最高人民法院、最高人民检察院关于办理环境污染刑事案件适用法律若干问题的解释》（法释〔2013〕15号）：“第一条　以下情况应当认定为“严重污染环境”：（1）在饮用水水源一级保护区、自然保护区核心区排放、倾倒、处置有放射性的废物、含传染病病原体的废物、有毒物质的；（2）非法排放、倾倒、处置危险废物三吨以上的；（3）非法排放含重金属、持久性有机污染物等严重危害环境、损害人体健康的污染物超过国家污染物排放标准或者省、自治区、直辖市人民政府根据法律授权制定的污染物排放标准三倍以上的；（4）私设暗管或者利用渗井、渗坑、裂隙、溶洞等排放、倾倒、处置有放射性的废物、含传染病病原体的废物、有毒物质的；（5）两年内曾因违反国家规定，排放、倾倒、处置有放射性的废物、含传染病病原体的废物、有毒物质受过两次以上行政处罚，又实施前列行为的；（6）致使乡镇以上集中式饮用水水源取水中断十二小时以上的；（7）致使基本农田、防护林地、特种用途林地五亩以上，其他农用地十亩以上，其他土地二十亩以上基本功能丧失或者遭受永久性破坏的；（8）致使森林或者其他林木死亡五十立方米以上，或者幼树死亡二千五百株以上的；（9）致使公私财产损失三十万元以上的；（10）致使疏散、转移群众五千人以上的；（11）致使三十人以上中毒的；（12）致使三人以上轻伤、轻度残疾或者器官组织损伤导致一般功能障碍的；（13）致使一人以上重伤、中度残疾或者器官组织损伤导致严重功能障碍的；（14）其他严重污染环境的情形。

第三条　以下情形应当认定为“后果特别严重”：（1）致使县级以上城区集中式饮用水水源取水中断十二个小时以上的；（2）致使基本农田、防护林地、特种用途林地十五亩以上，其他农用地三十亩以上，其他土地六十亩以上基本功能丧失或者遭受永久性破坏的；（3）致使森林或者其他林木死亡一百五十立方米以上，或者幼树死亡七千五百株以上的；（4）致使公私财产损失一百万元以上的；（5）致使疏散、转移群众一万五千人以上的；（6）致使一百人以上中毒的；（7）致使十人以上轻伤、轻度残疾或者器官组织损伤导致一般功能障碍的；（8）致使三人以上重伤、中度残疾或者器官组织损伤导致严重功能障碍的；（9）致使一人以上重伤、中度残疾或者器官组织损伤导致严重功能障碍，并致使五人以上轻伤、轻度残疾或者器官组织损伤导致一般功能障碍的；（10）致使一人以上死亡或者重度残疾的；（11）其他后果特别严重的情形。

第九条　本解释所称“公私财产损失”，包括污染环境行为直接造成财产损毁、减少的实际价值，以及为防止污染扩大、消除污染而采取必要合理措施所产生的费用。

第十条 下列物质应当认定为“有毒物质”：（1）危险废物，包括列入国家危险废物名录的废物，以及根据国家规定的危险废物鉴别标准和鉴别方法认定的具有危险特性的废物；（2）剧毒化学品、列入重点环境管理危险化学品名录的化学品，以及含有上述化学品的物质；（3）含有铅、汞、镉、铬等重金属的物质；（4）《关于持久性有机污染物的斯德哥尔摩公约》附件所列物质；（5）其他具有毒性，可能污染环境的物质。”

7）《危险化学品安全管理条例》

2011年12月1日，《危险化学品安全管理条例》（中华人民共和国国务院令 第591号）：“第九十四条 危险化学品单位发生危险化学品事故，其主要负责人不立即组织救援或者不立即向有关部门报告的，依照《生产安全事故报告和调查处理条例》的规定处罚（第三十五条事故发生单位主要负责人有下列行为之一的，处上一年年收入40%至80%的罚款：迟报或者漏报事故的。）”

8）《环境保护主管部门实施查封、扣押办法》

2015年1月1日，《环境保护主管部门实施查封、扣押办法》（环境保护部令 第29号）：“第四条 排污者有下列情形之一的，环境保护主管部门依法实施查封、扣押：

（五）较大、重大和特别重大突发环境事件发生后，未按照要求执行停产、停排措施，继续违反法律法规规定排放污染物的；

已造成严重污染或者有前款第四项、第五项情形之一的，环境保护主管部门应当实施查封、扣押。”

9）《环境保护主管部门实施限制生产、停产整治办法》

2015年1月1日，《环境保护主管部门实施限制生产、停产整治办法》（环境保护部令 第30号）：“第六条 排污者有下列情形之一的，环境保护主管部门可以责令其采取停产整治措施：

（五）因突发事件造成污染物排放超过排放标准或者重点污染物排放总量控制指标的。”

10）《突发环境事件调查处理办法》

2015 年 3 月 1 日，《突发环境事件调查处理办法》（环境保护部令　第 32 号）：“第十九条　对于连续发生突发环境事件，或者突发环境事件造成严重后果的地区，有关环境保护主管部门可以约谈下级地方人民政府主要领导；

第二十条　环境保护主管部门应当将突发环境事件发生单位的环境违法信息记入社会诚信档案，并及时向社会公布；

第二十一条　环境保护主管部门可以根据调查报告，对下级人民政府、下级环境保护主管部门下达督促落实突发环境事件调查报告有关防范和整改措施建议的督办通知，并明确责任单位、工作任务和完成时限。接到督办通知的有关人民政府、环境保护主管部门应当在规定时限内，书面报送事件防范和整改措施建议的落实情况。”

11）《突发环境事件应急管理办法》

2015 年 6 月 5 日，《突发环境事件应急管理办法》（环境保护部令　第 34 号）：“第六条　企业事业单位应当按照相关法律法规和标准规范的要求，履行下列义务：发生或者可能发生突发环境事件时，企业事业单位应当依法进行处理，并对所造成的损害承担责任。

第三十七条　较大、重大和特别重大突发环境事件发生后，企业事业单位未按要求执行停产、停排措施，继续违反法律法规规定排放污染物的，环境保护主管部门应当依法对造成污染物排放的设施、设备实施查封、扣押。

第三十八条　企业事业单位有下列情形之一的，由县级以上环境保护主管部门责令改正，可以处一万元以上三万元以下罚款：

（一）未按规定开展突发环境事件风险评估工作，确定风险等级的；

（二）未按规定开展环境安全隐患排查治理工作，建立隐患排查治理档案的；

（三）未按规定将突发环境事件应急预案备案的；

（四）未按规定开展突发环境事件应急培训，如实记录培训情况的；

（五）未按规定储备必要的环境应急装备和物资；

（六）未按规定公开突发环境事件相关信息的。”

12）《中华人民共和国大气污染防治法》

2016 年 1 月 1 日，《中华人民共和国大气污染防治法》（中华人民共和国主席令　第 31 号）：“第一百一十七条　违反本法规定，有下列行为之一的，由县级以上人民政府环境保护等主管部门按照职责责令改正，处一万元以上十万元以下的罚款；拒不改正的，责令停工整治或者停业整治：（六）排放有毒有害大气污染物名录中所列有毒有害大气污染物的企业事业单位，未按照规定建设环境风险预警体系或者对排放口和周边环境进行定期监测、排查环境安全隐患并采取有效措施防范环境风险的。”

第一百二十二条　违反本法规定，造成大气污染事故的，由县级以上人民政府环境保护主管部门依照本条第二款的规定处以罚款；对直接负责的主管人员和其他直接责任人员可以处上一年度从本企业事业单位取得收入百分之五十以下的罚款。

对造成一般或者较大大气污染事故的，按照污染事故造成直接损失的一倍以上三倍以下计算罚款；对造成重大或者特大大气污染事故的，按照污染事故造成的直接损失的三倍以上五倍以下计算罚款。”

表 7-1 突发环境事件相关处罚条款汇总

<table>
<tr><th>法律法规</th><th>突发事件（导致后果）</th><th>日常工作（无后果）</th></tr>
<tr><td>《固体废物污染环境防治法》</td><td>2 万～20 万元；
造成重大损失：＜30%，且＜100 万元</td><td>1 万～10 万元
（预案）</td></tr>
<tr><td>《水污染防治法》</td><td>一般、较大：20%；
重大、特大：30%</td><td rowspan="2">—</td></tr>
<tr><td>《突发事件应对法》</td><td>5 万～20 万元</td></tr>
<tr><td>《突发环境事件应急管理办法》</td><td>—</td><td>1 万～3 万元（风险评估、隐患自查、报备预案、培训、储备物资、公开信息）</td></tr>
<tr><td>《大气污染防治法》</td><td>一般、较大：1～3 倍；
重大、特大：3～5 倍</td><td>1 万～10 万元（环境风险预警体系建设、隐患自查、落实风险防范措施）</td></tr>
</table>

（5）主动参与现场恢复

1）《国家突发环境事件应急预案》

2014 年 12 月 29 日，《国家突发环境事件应急预案》（国办函〔2014〕119 号）：“5.3 善后处置：事发地人民政府要及时组织制定补助、补偿、抚慰、抚恤、安置和环境恢复等善后工作方案并组织实施。保险机构要及时开展相关理赔工作。”

2）《突发环境事件应急管理办法》

2015 年 6 月 5 日，《突发环境事件应急管理办法》（环境保护部令 第 34 号）：“第三十三条 县级以上地方环境保护主管部门应当在本级人民政府的统一领导下，参与制定环境恢复工作方案，推动环境恢复工作。”

（6）及时总结评估响应过程

《突发环境事件应急管理办法》

2015 年 6 月 5 日，《突发环境事件应急管理办法》（环境保护部令　第 34 号）：“第三十条　应急处置工作结束后，县级以上地方环境保护主管部门应当及时总结、评估应急处置工作情况，提出改进措施，并向上级环境保护主管部门报告。”

7.1.5　公开日常环境应急管理信息

公开内容包括：环境应急管理规定和要求、环境应急预案、环境应急演练、备案企业预案名单。

1）《企业事业单位突发环境事件应急预案备案管理办法（试行）》

2015 年 1 月 8 日，《企业事业单位突发环境事件应急预案备案管理办法（试行）》（环发〔2015〕4 号）：“第七条　受理备案的环境保护主管部门应当及时将备案的企业名单向社会公布。”

2）《突发环境事件应急管理办法》

2015 年 6 月 5 日，《突发环境事件应急管理办法》（环境保护部令　第 34 号）：“第三十六条　县级以上环境保护主管部门应当在职责范围内向社会公开有关突发环境事件应急管理的规定和要求，以及突发环境事件应急预案及演练情况等环境信息。”

3）《中华人民共和国大气污染防治法》

2016 年 1 月 1 日，《中华人民共和国大气污染防治法》（中华人民共和国主席令　第 31 号）：“第三十一条　环境保护主管部门和其他负有大气环境保护监督管理职责的部门应当公布举报电话、电子邮箱等，方便公众举报。”

7.2 企业法定职责

7.2.1 风险控制

（1）环境风险评估

1）《突发事件应急预案管理办法》

2013 年 11 月 25 日，《突发事件应急预案管理办法》（国办发〔2013〕101 号）：“第十五条　编制应急预案应当在开展风险评估和应急资源调查的基础上进行。”

2）《企业突发环境事件风险评估指南（试行）》

2014 年 4 月 3 日，《企业突发环境事件风险评估指南（试行）》（环办〔2014〕34 号），规定了企业突发环境事件风险评估的内容、程序和方法；适用于对可能发生突发环境事件的（已建成投产或处于试生产阶段的）企业进行环境风险评估；企业可以自行编制环境风险评估报告，也可以委托相关专业技术服务机构编制，编制单位对环境风险评估报告及其结论负责。

3）《国家突发环境事件应急预案》

2014 年 12 月 29 日，《国家突发环境事件应急预案》（国办函〔2014〕119 号）：“3.1　企业事业单位和其他生产经营者应当落实环境安全主体责任，开展环境风险评估。”

4）《企业事业单位突发环境事件应急预案备案管理办法（试行）》

2015 年 1 月 8 日，《企业事业单位突发环境事件应急预案备案管理办法（试行）》（环发〔2015〕4 号）：“第十条　环境风险评估报告要作为编制预案的前置条件，并作为附件备案。”

5）《突发环境事件调查处理办法》

2015 年 3 月 1 日，《突发环境事件调查处理办法》（环境保护部令　第 32 号）："第十一条　对事发单位的调查内容：环境应急预案的编制、备案、管理及实施情况（企业环境风险评估为预案备案的前置条件）。"

6）《尾矿库环境风险评估技术导则（试行）》

2015 年 4 月 1 日，《尾矿库环境风险评估技术导则（试行）》（HJ 740—2015），规定了尾矿库环境风险评估的一般原则、内容、程序、方法和技术要求。适用于运行期间的尾矿库环境风险评估，湿式堆存工业废渣库、电厂灰渣库的环境风险评估可参照本标准执行。

7）《突发环境事件应急管理办法》

2015 年 6 月 5 日，《突发环境事件应急管理办法》（环境保护部令　第 34 号）："第六条　企业事业单位应当按照相关法律法规和标准规范的要求，履行下列义务：开展突发环境事件风险评估；

第八条　企业事业单位应当按照国务院环境保护主管部门的有关规定开展突发环境事件风险评估，确定环境风险防范和环境安全隐患排查治理措施。"

8）《尾矿库环境应急预案编制指南》

2015 年 5 月 19 日，《尾矿库环境应急预案编制指南》（环办〔2015〕48 号），规定了尾矿库企业编制尾矿库环境应急预案的整体框架、编制程序、主要内容和具体要求等。

（2）环境风险隐患自查

1）《中华人民共和国突发事件应对法》

2007 年 11 月 1 日，《中华人民共和国突发事件应对法》："第二十三条　矿山、建筑施工单位和易燃易爆物品、危险化学品、放射性物品等危险物品的生产、经营、储运、使用单位，应当对生产经营场所、有危险物品的建筑物、构筑物及周边环境开展隐患排查，及时采取措施消除隐患，防止发生突发事件。”

2）《国家突发环境事件应急预案》

2014 年 12 月 29 日，《国家突发环境事件应急预案》（国办函〔2014〕119 号）：“3.1　企业事业单位和其他生产经营者应当落实环境安全主体责任，定期排查环境安全隐患。”

3）《突发环境事件调查处理办法》

2015 年 3 月 1 日，《突发环境事件调查处理办法》（环境保护部令　第 32 号）：“第十一条　对事发单位的调查内容：定期排查环境安全隐患并及时落实环境风险防控措施的情况。”

4）《突发环境事件应急管理办法》

2015 年 6 月 5 日，《突发环境事件应急管理办法》（环境保护部令　第 34 号）：“第六条　企业事业单位应当按照相关法律法规和标准规范的要求，履行下列义务：排查治理环境安全隐患；

第十条　企业事业单位应当按照有关规定建立健全环境安全隐患排查治理制度，建立隐患排查治理档案，及时发现并消除环境安全隐患。对于发现后能够立即治理的环境安全隐患，企业事业单位应当立即采取措施，消除环境安全隐患。对于情况复杂、短期内难以完成治理，可能产生较大环境危害的环境安全隐患，应当制定隐患治理方案，落实整改措施、责任、资金、时限和现场应急预案，及时消除隐患。”

（3）落实环境风险防控措施

1）《突发环境事件调查处理办法》

2015 年 3 月 1 日，《突发环境事件调查处理办法》（环境保护部令　第 32 号）：“第十一条　对事发单位的调查内容：环境风险防范设施建设及运行的情况。”

2）《水污染防治行动计划》

2015年4月2日，《水污染防治行动计划》（国发〔2015〕17号）：“第三十一条　落实排污单位主体责任。各类排污单位要严格执行环保法律法规和制度，加强污染治理设施建设和运行管理，开展自行监测，落实治污减排、环境风险防范等责任。”

3）《突发环境事件应急管理办法》

2015年6月5日，《突发环境事件应急管理办法》（环境保护部令　第34号）：“第六条　企业事业单位应当按照相关法律法规和标准规范的要求，履行下列义务：完善突发环境事件风险防控措施；

第九条　企业事业单位应当按照环境保护主管部门的有关要求和技术规范，完善突发环境事件风险防控措施。前款所指的突发环境事件风险防控措施，应当包括有效防止泄漏物质、消防水、污染雨水等扩散至外环境的收集、导流、拦截、降污等措施。”

（4）建立环境应急管理工作制度

包括：环境风险隐患自查制度、环境应急物资管理制度、信息报告制度、培训制度、应急演练制度、信息公开制度。

1）《国家环境保护“十二五”规划》

2011年12月15日，《国家环境保护“十二五”规划》（国发〔2011〕42号）：“五、加强重点领域环境风险防控—（一）推进环境风险全过程管理：完善环境风险管理措施。建立企业突发环境事件报告与应急处理制度、特征污染物监测报告制度。”

2）《突发事件应急预案管理办法》

2013年11月25日，《突发事件应急预案管理办法》（国办发〔2013〕101号）：“第二十二条　应急预案编制单位应当建立应急演练制度，根据实际情况采取实战演练、桌面推演等方式，组织开展人员广泛参与、处置联动性强、形式多样、节约高效的应急演练。

3)《企业事业单位环境信息公开办法》

2015 年 1 月 1 日,《企业事业单位环境信息公开办法》(环境保护部令　第 31 号):"第四条　企业事业单位应当建立健全本单位环境信息公开制度,指定机构负责本单位环境信息公开日常工作。"

4)《突发环境事件调查处理办法》

2015 年 3 月 1 日,《突发环境事件调查处理办法》(环境保护部令　第 32 号):"第十一条　对事发单位的调查内容:建立环境应急管理制度、明确责任人和职责的情况。"

5)《突发环境事件应急管理办法》

2015 年 6 月 5 日,《突发环境事件应急管理办法》(环境保护部令　第 34 号):"第十条　企业事业单位应当按照有关规定建立健全环境安全隐患排查治理制度;

第二十二条　企业事业单位应当储备必要的环境应急装备和物资,并建立完善相关管理制度。"

7.2.2　应急准备

(1)编制备案环境应急预案

1)《中华人民共和国固体废物污染环境防治法》

2005 年 4 月 1 日,《中华人民共和国固体废物污染环境防治法》(中华人民共和国主席令　第 31 号):"第六十二条　产生、收集、贮存、运输、利用、处置危险废物的单位,应当制定意外事故的防范措施和应急预案,并向所在地县级以上地方人民政府环境保护行政主管部门备案。"

2)《废弃危险化学品污染环境防治办法》

2005 年 10 月 1 日,《废弃危险化学品污染环境防治办法》(国家

环境保护总局令　第 27 号)：“第十九条　产生、收集、贮存、运输、利用、处置废弃危险化学品的单位，应当制定废弃危险化学品突发环境事件应急预案报县级以上环境保护部门备案，建设或配备必要的环境应急设施和设备，并定期进行演练。”

3）《中华人民共和国突发事件应对法》

2007 年 11 月 1 日，《中华人民共和国突发事件应对法》(中华人民共和国主席令　第 69 号)：“第二十三条　矿山、建筑施工单位和易燃易爆物品、危险化学品、放射性物品等危险物品的生产、经营、储运、使用单位，应当制定具体应急预案。”

4）《中华人民共和国水污染防治法》

2017 年 6 月 27 日，《中华人民共和国水污染防治法》(中华人民共和国主席令　第 87 号)：“第七十七条　可能发生水污染事故的企业事业单位，应当制定有关水污染事故的应急方案，做好应急准备。”

5）《石油化工企业环境应急预案编制指南》

2010 年 1 月 28 日，《石油化工企业环境应急预案编制指南》(环办〔2010〕10 号)：规定了石油化工企业环境应急预案的编制程序、内容等基本要求。本指南适用于石油化工（包括石油炼制与化工）企业环境应急预案的编制。

6）《尾矿库环境应急管理工作指南》

2010 年 10 月 8 日，《尾矿库环境应急管理工作指南（试行）》(环办〔2010〕138 号)：“尾矿库企业是防治尾矿库污染、防范和处置突发环境事件的责任主体。应按规定编制突发环境事件应急预案，建立环境风险评估制度，落实各项应急措施。”

7）《危险化学品安全管理条例》

2011 年 12 月 1 日，《危险化学品安全管理条例》(中华人民共和国国务院令　第 591 号)：“危险化学品单位应当制定本单位事故应急救援预案，配备应急救援人员和必要的应急救援器材、设备，并定期组织演练。”

8）《关于加强化工园区环境保护工作的意见》

2012 年 5 月 17 日，《关于加强化工园区环境保护工作的意见》（环发〔2012〕54 号）：“（十七）加强园区环境应急保障体系建设。园内企业应制定环境应急预案，明确环境风险防范措施。园区管理机构应根据园区自身特点，制定园区级综合环境应急预案，结合园区新、改、扩建项目的建设，不断完善各类突发环境事件应急预案。”

9）《关于进一步加强环境影响评价管理防范环境风险的通知》

2012 年 7 月 3 日,《关于进一步加强环境影响评价管理防范环境风险的通知》（环发〔2012〕77 号）：“（十六）相关建设项目申请试生产时，建设单位应将企业突发环境事件应急预案的备案材料一并提交，环境风险防范设施和应急措施不能满足环境影响评价文件及批复要求以及无《突发环境事件应急预案备案登记表》的，各级环保部门不得批准其投入试生产。”（石油天然气开采、油气/液体化工仓储及运输、石化化工项目）

10）《突发事件应急预案管理办法》

2013 年 11 月 25 日，《突发事件应急预案管理办法》（国办发〔2013〕101 号）：“第六条　应急预案按照制定主体划分，分为政府及其部门应急预案、单位和基层组织应急预案两大类。”

11）《中华人民共和国环境保护法》

2015 年 1 月 1 日实施，《中华人民共和国环境保护法》（中华人民共和国主席令　第 9 号）：“第四十七条　企业事业单位应当按照国家有关规定制定突发环境事件应急预案，报环境保护主管部门和有关部门备案。”

12）《企业事业单位突发环境事件应急预案备案管理办法（试行）》

2015年1月8日，《企业事业单位突发环境事件应急预案备案管理办法（试行）》（环发〔2015〕4号）：“第三条　以下企业应当编制备案环境应急预案：（一）可能发生突发环境事件的污染物排放企业，包括污水、生活垃圾集中处理设施的运营企业；（二）生产、储存、运输、使用危险化学品的企业；（三）产生、收集、贮存、运输、利用、处置危险废物的企业；（四）尾矿库企业，包括湿式堆存工业废渣库、电厂灰渣库企业。”

13）《突发环境事件调查处理办法》

2015年3月1日，《突发环境事件调查处理办法》（环境保护部令　第32号）：“第十一条　对事发单位的调查内容：环境应急预案的编制、备案、管理及实施情况。”

14）《突发环境事件应急管理办法》

2015年6月5日，《突发环境事件应急管理办法》（环境保护部令　第34号）：“第六条　企业事业单位应当按照相关法律法规和标准规范的要求，履行下列义务：制定突发环境事件应急预案并备案、演练；

第十三条　企业事业单位应当按照国务院环境保护主管部门的规定，在开展突发环境事件风险评估和应急资源调查的基础上制定突发环境事件应急预案，并按照分类分级管理的原则，报县级以上环境保护主管部门备案。”

（2）突发环境事件应急演练

1）《中华人民共和国水污染防治法》

2017年6月27日，《中华人民共和国水污染防治法》（中华人民共和国主席令　第87号）：“第七十七条　可能发生水污染事故的企业事业单位，应当制定有关水污染事故的应急方案，做好应急准备，并定期进行演练。”

2）《尾矿库环境应急管理工作指南》

2010 年 10 月 8 日，《尾矿库环境应急管理工作指南（试行）》（环办〔2010〕138 号）：“尾矿库企业是防治尾矿库污染、防范和处置突发环境事件的责任主体。应按规定编制突发环境事件应急预案，组织开展应急演练。”

3）《危险化学品安全管理条例》

2011 年 12 月 1 日，《危险化学品安全管理条例》（中华人民共和国国务院令　第 591 号）：“危险化学品单位应当定期组织演练。”

4）《突发事件应急预案管理办法》

2013 年 11 月 25 日，《突发事件应急预案管理办法》（国办发〔2013〕101 号）：“第二十二条　应急预案编制单位应当建立应急演练制度，根据实际情况采取实战演练、桌面推演等方式，组织开展人员广泛参与、处置联动性强、形式多样、节约高效的应急演练。”

5）《突发环境事件应急管理办法》

2015 年 6 月 5 日，《突发环境事件应急管理办法》（环境保护部令　第 34 号）：“第六条　企业事业单位应当按照相关法律法规和标准规范的要求，履行下列义务：制定突发环境事件应急预案并备案、演练；

第十五条　突发环境事件应急预案制定单位应当定期开展应急演练，撰写演练评估报告，分析存在问题，并根据演练情况及时修改完善应急预案。”

（3）突发环境事件预防

1）《中华人民共和国水污染防治法》

2017 年 6 月 27 日，《中华人民共和国水污染防治法》（中华人民共和国主席令　第 87 号）：“第七十七条　生产、储存危险化学品的企业事业单位，应当采取措施，防止在处理安全生产事故过程中产生的可能严重污染水体的消防废水、废液直接排入水体。”

2）《突发环境事件调查处理办法》

2015年3月1日，《突发环境事件调查处理办法》（环境保护部令 第32号）：“第十一条 对事发单位的调查内容：生产安全事故、交通事故、自然灾害等其他突发事件发生后，采取预防次生突发环境事件措施的情况。”

（4）环境应急知识宣传、教育和培训

《突发环境事件应急管理办法》

2015年6月5日，《突发环境事件应急管理办法》（环境保护部令 第34号）：“第七条 企业事业单位应当加强突发环境事件应急管理的宣传和教育，鼓励公众参与，增强防范和应对突发环境事件的知识和意识；

第十九条 企业事业单位应当将突发环境事件应急培训纳入单位工作计划，对从业人员定期进行突发环境事件应急知识和技能培训，并建立培训档案，如实记录培训的时间、内容、参加人员等信息。”

（5）环境应急能力建设和物资储备

《突发环境事件应急管理办法》

2015年6月5日，《突发环境事件应急管理办法》（环境保护部令 第34号）：“第六条 企业事业单位应当按照相关法律法规和标准规范的要求，履行下列义务：加强环境应急能力保障建设；

第二十二条 企业事业单位应当储备必要的环境应急装备和物资，并建立完善相关管理制度。”

7.2.3 应急处置

（1）开展先期处置

1）《中华人民共和国大气污染防治法》

2016 年 1 月 1 日，《中华人民共和国大气污染防治法》（中华人民共和国主席令　第 31 号）：“第九十七条　发生造成大气污染的突发环境事件，人民政府及其有关部门和相关企业事业单位，应当依照《中华人民共和国突发事件应对法》、《中华人民共和国环境保护法》的规定，做好应急处置工作。”

2）《中华人民共和国固体废物污染环境防治法》

2005 年 4 月 1 日，《中华人民共和国固体废物污染环境防治法》（中华人民共和国主席令　第 31 号）：“第六十三条　因发生事故或者其他突发性事件，造成危险废物严重污染环境的单位，必须立即采取措施消除或者减轻对环境的污染危害。”

3）《中华人民共和国水污染防治法》

2017 年 6 月 27 日，《中华人民共和国水污染防治法》（中华人民共和国主席令　第 87 号）：“第七十八条　企业事业单位发生事故或者其他突发性事件，造成或者可能造成水污染事故的，应当立即启动本单位的应急方案，采取隔离等应急措施防止水污染物进入水体。”

4）《国家突发环境事件应急预案》

2014 年 12 月 29 日，《国家突发环境事件应急预案》（国办函〔2014〕119 号）：“4.2.1　现场污染处置：涉事企业事业单位或其他生产经营者要立即采取关闭、停产、封堵、围挡、喷淋、转移等措施，切断和控制污染源，防止污染蔓延扩散。做好有毒有害物质和消防废水、废液等的收集、清理和安全处置工作。”

5）《中华人民共和国环境保护法》

2015年1月1日，《中华人民共和国环境保护法》（中华人民共和国主席令　第9号）："第四十七条　在发生或者可能发生突发环境事件时，企业事业单位应当立即采取措施处理。"

6）《突发环境事件调查处理办法》

2015年3月1日，《突发环境事件调查处理办法》（环境保护部令　第32号）："第十一条　对事发单位的调查内容：突发环境事件发生后，启动环境应急预案，并采取控制或者切断污染源防止污染扩散的情况。"

7）《突发环境事件应急管理办法》

2015年6月5日，《突发环境事件应急管理办法》（环境保护部令　第34号）："第二十三条　企业事业单位造成或者可能造成突发环境事件时，应当立即启动突发环境事件应急预案，采取切断或者控制污染源以及其他防止危害扩大的必要措施。"

（2）立即报告信息

1）《中华人民共和国固体废物污染环境防治法》

2005年4月1日，《中华人民共和国固体废物污染环境防治法》（中华人民共和国主席令　第31号）："第六十三条　因发生事故或者其他突发性事件，造成危险废物严重污染环境的单位，必须立即向所在地县级以上地方人民政府环境保护行政主管部门和有关部门报告。"

2）《中华人民共和国水污染防治法》

2017年6月27日，《中华人民共和国水污染防治法》（中华人民共和国主席令　第87号）："第七十八条　企业事业单位发生事故或者其他突发性事件，造成或者可能造成水污染事故的，应当立即向事故发生地的县级以上地方人民政府或者环境保护主管部门报告。"

3）《危险化学品安全管理条例》

2011 年 12 月 1 日，《危险化学品安全管理条例》（中华人民共和国国务院令 第 591 号）："第七十一条 发生危险化学品事故，事故单位主要负责人应当立即按照本单位危险化学品应急预案组织救援，并向当地安全生产监督管理部门和环境保护、公安、卫生主管部门报告。道路运输、水路运输过程中发生危险化学品事故的，驾驶人员、船员或者押运人员还应当向事故发生地交通运输主管部门报告。"

4）《国家突发环境事件应急预案》

2014 年 12 月 29 日，《国家突发环境事件应急预案》（国办函〔2014〕119 号）："3.3 突发环境事件发生后，涉事企业事业单位或其他生产经营者必须立即向当地环境保护主管部门和相关部门报告。"

5）《中华人民共和国环境保护法》

2015 年 1 月 1 日，《中华人民共和国环境保护法》（中华人民共和国主席令 第 9 号）："第四十七条 在发生或者可能发生突发环境事件时，企业事业单位应当立即向环境保护主管部门和有关部门报告。"

6）《突发环境事件调查处理办法》

2015 年 3 月 1 日，《突发环境事件调查处理办法》（环境保护部令 第 32 号）："第十一条 对事发单位的调查内容：突发环境事件发生后的信息报告情况。"

7）《突发环境事件应急管理办法》

2015 年 6 月 5 日，《突发环境事件应急管理办法》（环境保护部令 第 34 号）："第二十三条 企业事业单位造成或者可能造成突发环境事件时，应当及时向事发地县级以上环境保护主管部门报告。"

（3）及时通报信息

1)《中华人民共和国固体废物污染环境防治法》

2005年4月1日，《中华人民共和国固体废物污染环境防治法》（中华人民共和国主席令 第31号）：“第六十三条 因发生事故或者其他突发性事件，造成危险废物严重污染环境的单位，必须及时通报可能受到污染危害的单位和居民。”

2)《国家突发环境事件应急预案》

2014年12月29日，《国家突发环境事件应急预案》（国办函〔2014〕119号）：“3.3 突发环境事件发生后，涉事企业事业单位或其他生产经营者必须立即通报可能受到污染危害的单位和居民。”

3)《中华人民共和国环境保护法》

2015年1月1日，《中华人民共和国环境保护法》（中华人民共和国主席令 第9号）：“第四十七条 在发生或者可能发生突发环境事件时，企业事业单位应当及时通报可能受到危害的单位和居民。”

4)《突发环境事件调查处理办法》

2015年3月1日，《突发环境事件调查处理办法》（环境保护部令 第32号）：“第十一条 对事发单位的调查内容：突发环境事件发生后的信息通报情况。”

5)《突发环境事件应急管理办法》

2015年6月5日，《突发环境事件应急管理办法》（环境保护部令 第34号）：“第二十三条 企业事业单位造成或者可能造成突发环境事件时，应当及时通报可能受到危害的单位和居民。”

（4）服从当地政府指挥

1)《突发环境事件调查处理办法》

2015年3月1日，《突发环境事件调查处理办法》（环境保护部令 第32号）：“第十一条 对事发单位的调查内容：突发环境事件发生后，服从应急指挥机构统一指挥，并按要求采取预防、处置措施的情况。”

2)《突发环境事件应急管理办法》

2015 年 6 月 5 日，《突发环境事件应急管理办法》(环境保护部令 第 34 号):“第二十三条 应急处置期间，企业事业单位应当服从统一指挥，全面、准确地提供本单位与应急处置相关的技术资料，协助维护应急现场秩序，保护与突发环境事件相关的各项证据。”

(5) 接受调查处理

1)《中华人民共和国固体废物污染环境防治法》

2005 年 4 月 1 日，《中华人民共和国固体废物污染环境防治法》(中华人民共和国主席令 第 31 号):“第六十三条 因发生事故或者其他突发性事件，造成危险废物严重污染环境的单位，必须接受所在地县级以上地方人民政府环境保护行政主管部门和有关部门的调查处理。”

2)《突发环境事件调查处理办法》

2015 年 3 月 1 日，《突发环境事件调查处理办法》(环境保护部令 第 32 号):“第八条 突发环境事件发生单位的负责人和有关人员在调查期间应当依法配合调查工作，接受调查组的询问，并如实提供相关文件、资料、数据、记录等。因客观原因确实无法提供的，可以提供相关复印件、复制品或者证明该原件、原物的照片、录像等其他证据，并由有关人员签字确认;

第十一条 对事发单位的调查内容：突发环境事件发生后，是否存在伪造、故意破坏事发现场，或者销毁证据阻碍调查的情况。”

3)《突发环境事件应急管理办法》

2015 年 6 月 5 日，《突发环境事件应急管理办法》(环境保护部令 第 34 号):“第二十三条 企业事业单位造成或者可能造成突发环境事件时，接受事发地县级以上环境保护主管部门的调查处理。应急处置期间，企业事业单位应当服从统一指挥，全面、准确地提供本单位与应急处置相关的技术资料，协助维护应急现场秩序，保护与突发环境事件相关的各项证据。”

7.2.4　公开日常环境应急管理信息

公开内容包括：环境应急预案、环境风险防范工作、突发环境事件发生及应对、环境应急演练。

1）《企业事业单位环境信息公开办法》

2015 年 1 月 1 日，《企业事业单位环境信息公开办法》（环境保护部令　第 31 号）：“第九条　重点排污单位应当公开的信息：突发环境事件应急预案。”

2）《企业事业单位突发环境事件应急预案备案管理办法（试行）》

2015 年 1 月 8 日，《企业事业单位突发环境事件应急预案备案管理办法（试行）》（环发〔2015〕4 号）：“第七条　企业应当主动公开与周边可能受影响的居民、单位、区域环境等密切相关的环境应急预案信息。”

3）《突发环境事件应急管理办法》

2015 年 6 月 5 日，《突发环境事件应急管理办法》（环境保护部令　第 34 号）：“第三十四条　企业事业单位应当按照有关规定，采取便于公众知晓和查询的方式公开本单位环境风险防范工作开展情况、突发环境事件应急预案及演练情况、突发环境事件发生及处置情况，以及落实整改要求情况等环境信息；

第三十八条　企业事业单位有下列情形之一的，由县级以上环境保护主管部门责令改正，可以处一万元以上三万元以下罚款：未按规定公开突发环境事件相关信息的。”